U0926743

放开手脚，拼搏未来

焦庆锋 编著

吉林文史出版社
JILINWENSHICHUBANSHE

图书在版编目（CIP）数据

放开手脚，拼搏未来 / 焦庆锋编著 . -- 长春 : 吉林文史出版社 , 2019.7

ISBN 978-7-5472-6339-6

Ⅰ . ①放… Ⅱ . ①焦… Ⅲ . ①成功心理—通俗读物 Ⅳ . ① B848.4-49

中国版本图书馆 CIP 数据核字 (2019) 第 135624 号

放开手脚，拼搏未来

FANGKAI SHOUJIAO，PINBO WEILAI

编　　著 / 焦庆锋
责任编辑 / 孙建军　董　芳
出版发行 / 吉林文史出版社有限责任公司（长春市人民大街 4646 号）
网　　址 / www.jlws.com.cn
版式设计 / 晴晨时代
印　　刷 / 北京欣睿虹彩印刷有限公司
版　　次 / 2019 年 11 月第 1 版　　2019 年 11 月第 1 次印刷
开　　本 / 880mm × 1230mm　1/32
字　　数 / 113 千字
印　　张 / 8
书　　号 / ISBN 978-7-5472-6339-6
定　　价 / 42.80 元
版权所有　侵权必究

前言

FOREWORD

有人说性格决定命运，气度影响格局，这里我要补一句：心态决定成败。在当今社会生活中，每个人都面对着巨大的压力，这是毋庸置疑的。为什么有的人在压力面前从容镇定、越战越勇，有的人遇到一点儿挫折就会丧失斗志、一事无成？归根到底是心态决定了他们的命运。

一个人一旦拥有好心态，就像心里充满了阳光，即使前进的路途中偶尔出现黑暗，这缕阳光也能让他（她）获得希望，照亮他（她）前进的路。当一个人拥有充满信心、充满希望的信念时，机遇自然也会眷顾到他（她），成功也会成为可能。即使遇到不好的机遇，好心态也会去转化这次机遇，最后改变它，利用好它。反观心态消极的人，他（她）看到的世界永远是灰暗的，自然也就失去了进取的信心。

生命需要奋斗，奋斗与不奋斗，造就的结果截然不同。生无所息，保持奋斗的姿态，让世界变得如此灿烂，让你的人生绚丽多姿。千万不要满足于小溪的平缓，否则你也就满足了自己的平庸，只有努力奋斗，才会有机会欣赏自己。奋斗不能等待。我们不能等到垂暮之年再去“全力以赴”。让我们从现在开始，为理想，为人生而拼博。精诚所至，金石为开，相信奋斗会让我们的青春之花绽放得更加绚烂，让我们的人生之路不留遗憾。

为了让更多的人活在当下，学会努力，避免因思想涣散和行为懒惰而导致失败，让更多的人获得成功，我们编撰了《放开手脚，拼搏未来》。本书富含哲理，通过大量的真实案例让读者朋友明白努力进取的重要性，让大家从容漫步人生，品味人生精彩！

由于编纂时间仓促，加之水平有限，编写过程中难免发生纰漏，还望广大读者批评指正。

第一章　奋斗的年龄不要安逸 / 1

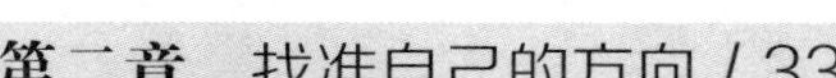

第二章　找准自己的方向 / 33

目录 | content

目
录
content

SECTION

第一章

奋斗的年龄不要安逸

总有一些年轻人认为自己的时间有很多，所以浪费一点儿时间没有关系。其实这个观点是错误的，浪费时间是一个人生命中最大的错误。浪费时间会扼杀幸福；浪费时间会让人走向绝望；浪费时间就是在浪费生命。所以不要在应该奋斗的年龄将自己葬送在安逸之中。

合理运用时间

查尔斯·菲尔德是著名的效率专家，他认为：有效管理时间的最好办法就是对时间进行合理地规划。因为合理规划时间就等于节约时间，也相当于创造了时间。一个懂得合理规划时间的人，他（她）一天中的时间就会比别人多出一个甚至是几个小时。

有甲乙两个人，甲要求乙在一个可以同时烙两张饼的锅里烙饼，要求是：每张饼必须烙两面，每面烙 1 分钟，3 分钟烙完三张饼。通常情况下，人们会先同时烙两张饼，饼熟之后再烙第三张饼，这样一来，最少也得需要 4 分钟，乙是怎么做到在 3 分钟之内烙三张饼呢?

乙想到一个非常绝妙的方法。我们给饼编上序号，分别是 1 号、2 号和 3 号饼。乙先把 1 号和 2 号饼放进锅里烙一分钟，然后取出 1 号，放进 3 号，同时把 2 号翻过来烙第二面。一分钟后 2 号饼烙好了，取出来，放进 1 号饼，同时翻过 3 号饼，一分钟后 1 号和 3 号的第二面也就烙好了。就这样，乙完美地完成了这次任务，赢得了大家的称赞。

在《鲁滨孙漂流记》中，主人公鲁滨孙在荒岛上一个人生活，他为自己制定了一个作息时间表，这样一来，他做什么事情都有计划，而不至于耽误了其他事情。有些人总觉得自己每

天都非常忙，忙得不可开交，难道他们的时间比别人少吗？并不是，而是他们没有把时间安排好，对时间没有整体地把控，所以才导致工作效率低下。

富兰克林曾经说过："我们不能把时间存起来，也不能向别人借时间，更不能用钱买时间，唯一能做的就是合理安排时间，提高效率。"如果能够合理规划时间，有效安排事情的顺序，就会赢得时间，才能在"时间就是金钱"的年代里占据主动地位。

有时候，你可能会听到有人说："要是我再多一些时间，我就一定……"当有人提问：如果你有机会得到更多东西，那你想要什么？人们会有很多答案：钱、假期、教育、时间等。当有人再问：怎样可以让你的生活变得更轻松？他们肯定会说："时间，如果给我更多的时间，我一定会过得更轻松。"是啊，我们都需要更多的时间。那么，我们在对有效的时间做规划的时候应该注意以下几点：

1. 制定明天的工作计划

首先你得明确明天要做什么事情，然后把时间安排好，写下你明天要见的人以及要完成的事情，如果还有一些生活中的琐碎事情，最好也添加到你的计划中，写到单子上，把单子放好。临睡之前想想自己明天要做的事情是否全部安排好了，然后抓紧时间休息。第二天的时候，尽量按照自己的安排行事。

2. 有效分配时间

每件事情需要用的时间不同，所以不要把时间平均分成几部分。有的人觉得只要自己没有闲着，没有偷懒就行了，这种思想是不能有的。对于重要的事情要多用些时间，勇敢地拒绝不必要的事情发生。

3. 学会处理自由时间和应对时间

有人会问：什么是自由时间和应对时间呢？自由时间是归自己支配，自己能控制的时间。应对时间是你对其他人、其他事作出反应的时间。这两种时间都是客观存在的，不可能只存在一种，因为如果没有自由时间，你就会处于一个被动的状态，如果没有应对时间，一个人只管自己，势必会给别人造成不必要的麻烦。

人们一天只有 24 小时用来经营自己的生命，可往往会有截然不同的结果。合理运用时间，规划好你的时间，相当于创造了更多的时间，你的效率自然也就提高了！

机遇藏在时间之中

在美国近代企业界，金融大王摩根是一个鼎鼎大名的人物。他在和别人谈生意的时候，总能在最短的时间内产生最大的效益。每天上午九点半，他准时来到办公室；下午五点，准时回家。曾经有人对摩根的资产进行了估算，得出的结果是他每分钟就会有 20 美元进账。不过摩根对这个结果好像并不赞同，他说还不止这些。因此，摩根特别珍惜时间，平时除了与生意

上有特殊关系的人交谈，和其他人说话从不超过五分钟。

摩根办公的地方并不是一间单独的办公室，而是与很多员工一起在一间很大的办公室里工作，这样更方便他随时指挥员工去做事情。所以当你进入那间大办公室的时候，很容易就能看到他，如果你没有重要的事情，请不要踏进这里，因为他是不会欢迎你的。

摩根有着敏锐的洞察力，他能轻易看穿对方想要达到的目的，所以当对方说话的时候，无论对方怎样拐弯抹角都不能欺骗他，这样卓越的判断力让摩根节省了很多宝贵的时间。他对浪费别人时间的人简直恨之入骨。

一个成功者做事是有计划的，而且他们也不会在别人工作

的时候去妨碍别人。一位心理学家曾经说过：“任何一个不珍惜时间的人，一定不会有巨大的成功。”无论你做什么，只要你努力工作，勤奋刻苦，并且一直坚持下去，你一定可以取得丰硕的成果。

有人说，不浪费时间的人是明智的。他们把精力和体力当作宝贵的财富，合理安排，将有限的时间和精力发挥最大的作用，绝不浪费。也有一些人埋头苦干，但是却没有取得成功，没有实现创富。如果他们能合理安排，并充分利用时间和精力，一定能实现自身的价值。早上，你要对这一天的时间进行规划，并且尽量按照自己的规划去做，因为今天过去了就不会再有，每一分、每一秒都是弥足珍贵的。迪安·阿尔福德说：“时间的长短在重要性和价值上并不成正比。也许偶然的、意想不到的五分钟就可能影响你的一生。但谁也不知道这个重要时刻会在什么时候出现。”

造物主赐给我们美好的时光，充满了各种美妙的机遇，我们应该珍惜时光，不要浪费时间，不虚度年华，抓住各种机遇，未来的财富就藏在你珍贵的时间里。

把握今天的时光

我们把钱储存起来，钱就会越来越多，那么时间能不能也储存起来呢？答案是不能。我们所能使用的只有现在，如果不

能把握住现在的话，时间就会白白浪费掉。

张海迪是一个脊髓病患者，病魔导致她只能坐在轮椅上。一次手术后，她连轮椅都不能坐，只能一动不动地躺在床上，即便是这样，她还是坚持学习。你知道吗？她自学了小学和中学的知识，并且还自学了英语。作为一个残疾人，张海迪并没有自暴自弃，她对自己的要求比平常人还要严格，因此，她进步非常快。后来，她就替有关部门翻译资料。张海迪给自己制定了学英语计划，她要求自己每天必须背熟10个单词，做到“今日事，今日毕。”

有些人做事总是拖拖拉拉，也有一些人遇到一点儿挫折就退缩，难道他们不知道只有经历过风雨，才能见彩虹么？

海伦·凯勒是美国著名的女作家，她在《假如给我三天光明》中描述了一个残疾人对健康和生命的感悟。人世间的色彩斑斓对于我们这些四肢健全、耳聪目明的人来说，根本就不算什么。也正是因为如此，一些人便不珍惜现在所拥有的一切，肆意地挥霍青春，终日无所事事，最终一事无成。如果真的到了书中所说的那种地步，我们又该怎么对待呢？如果我们把每一天都当作生命中的最后一天，我们又该如何度过呢？只有那些不虚度每一天，珍惜并合理利用“今天”的人，才能孕育明天的希望。

人类发明了电力、蒸汽机，并成功地从繁重的劳动中解放出来。这些发明创造是过去的人在刻苦研究的基础上成功的，我们应该感谢他们给我们缔造了美好的生活。不过，也有一些人总是抱怨自己生不逢时，觉得今天的一切很糟糕，过去的才是美好的。其实，过去也好，明天也罢，唯有今天才是最重要的。我们最应该做的就是脚踏实地，不沉迷于过去的生活，不迷惘在未知的未来，珍惜现在，才能让生命变得充实，才会在明天想起今天的时候不后悔。

有一位诗人曾经写道："尽力地装点现在的房屋吧！使之成为最甜蜜、最温馨的场所，何必过多地梦想遥远的华居？"他的意思并不是不让人们对未来的美好充满希望，而是让人们在可以把握住今天，好好珍惜眼前的时光，尽可能地多做事情。如果整天都沉迷在幻想之中，就会错过很多机会，也许这个溜走的机会就是你成功的起点哦！

改变今天和明天

你知道"胡萝卜、鸡蛋和咖啡"的故事吗？一个失恋的女孩儿对生活失去了信心，她的爸爸是一个厨师，为了帮助女儿，他做了一个试验。他烧开了三锅水，分别把胡萝卜、鸡蛋、咖啡放入开水中继续煮。结果，胡萝卜变软了，鸡蛋变结实了，咖啡则变成了一锅浓香的、让人垂涎欲滴的咖啡。他用这个试验告诉女儿，无论你面对怎样的困境，应该学会像咖啡那样，通过改变自己去适应环境，使自己不再处于逆境之中。

一个36岁的人想要学绘画，可他总是犹豫，不能下定决心。于是，他就去咨询自己的朋友。他说："你看，我马上就要40岁了，我要是去学画画的话，别人会不会笑话我太老了呢？"朋友微微一笑，对他说："老什么呀？不老，不老。就算你不学画画，4年后你不照样也是40岁吗？"这句话如同当头一棒，将他惊醒，他决定明天就去报名，学习画画。

说实话，我们不用给自己找任何借口，只要你喜欢，就利用每一分、每一秒去做你想要做的事情，不用在乎别人的眼光。

2007年8月，朴槿惠在第一次竞选总统的时候失败了。当她上台致闭幕词的时候，并没有表现出任何沮丧的样子，她镇定地说："虽然我竞选失败了，但是我依然会尽职尽责地做好自己的分内之事，我会坚持下去，奋斗到底！"她的讲话赢得了阵阵掌声。

既然结果已成定局，那么就不要懊恼，不要灰心失望，要从失败中寻找教训，积累经验，为下一次努力做好充分的准备。每个人都会面对逆境，有些人退缩了，有些人却逆流而上。不同的态度直接导致两种截然不同的结果，退缩的人两手空空，逆流而上的人摘到了胜利的果实。所以不管你的现状多么糟糕，你都要不忘初心，坚守着"适应环境"的信念，坚持不懈，勇往直前。一生并不太长，重点是你要抓住时间去做你认为重要的事情，只有这样你才能体会到生命的真谛。

最具潜能的二三十岁

你知道一个人精力最旺盛、思想最活跃的时期是什么时候吗？告诉你，是一个人二三十岁的时候，这时候也是一个人最具有潜能的时候。

安东尼·罗宾是世界上著名的潜能大师，他曾经讲过这样一个真实的故事。19岁的美国人梅尔龙在越南打仗的时候不幸被流弹打中，此后的12年中，他只能在轮椅上生活。他经常借酒消愁，一次回家路上，三个劫匪抢了他的钱，还在搏斗的时候烧掉了他的轮椅。情急之下，他居然忘记了自己是一个残疾人，跳下轮椅朝前方拼命奔跑。他回忆起这件事情的时候，总是会说："如果当时不逃跑的话，我一定会被烧死，那时候

我已经忘记了自己12年不曾下地走路，只知道拼命向前跑。直到我停下脚步以后，才发现自己原来早就恢复健康了。”从那之后，他恢复了正常的生活和工作。

这件事情证明，二三十岁的年轻人潜能是无限大的。如果我们的潜意识是悲观绝望的，那它就会带给我们负面的影响。

一天，一个叫杰瑞的年轻人下班后不小心被关在一个待修的冰柜车里面，任凭他怎么呼喊，都没有人听到，最后他只能颓废地坐在地上，大口大口地喘气。第二天早上，当他的同事们陆陆续续来上班的时候，却发现他已经死在了冰柜车里。人们对他的死感到很奇怪，因为冰柜里冷冻开关并没有开，里面的温度是华氏61度，他根本就不会因此被冻死呀！杀死杰瑞的并不是寒冷，而是他内心深处的冰点，因为他在潜意识中就觉得自己死定了，如果当时他的潜意识中是积极的思想，那他肯定不会死掉。

潜意识一旦进入人的思想，就会把这个想法变成现实。现在，人们对潜意识的开发还极少，哪怕是爱因斯坦、达·芬奇、爱迪生等伟人对于潜意识的运用也是极少的。所以，我们在接触潜意识的时候，一定要用正能量与之对话，这样，潜意识就会让你的生活变得明朗。只要你懂得运用这股潜在能力，你一定会愿望成真。

不该辜负的二三十岁

托尔斯泰曾经说过，一个人的幸福与否完全把握在自己的手中。20–30 岁的这 10 年是非常关键的时期，因为这关系到你以后人生事业的雏形，是为你后半生的幸福奠定基础的关键时期。

齐白石是我国著名的画家，可他并不是从学校中走出来的画家，而是从一个雕花木匠成长为一个画家的。世界级画家毕加索曾经这样说："你们中国有齐白石这个大家，我可不敢轻易到你们中国去。"

齐白石小名叫阿芝，年少时家庭贫困，再加上身体虚弱，所以仅仅读了半年书，他就不得不辍学帮家里干活了。父亲让他到一位木匠那里学习木工手艺。15 岁时，他拜齐仙佑为师，可是因为他体弱力小，3 个月就被辞退了。16 岁时，他拜雕花木匠周之美为师，学习小器作。齐白石的这位老师把全部心血都倾注在他的身上，他勤快、努力、善于创新，手艺逐渐超越了自己的老师，被当地人称为"芝木匠"。这样的美誉并没有让齐白石感到多大的喜悦，因为他有更高的追求。

20 岁时，一次偶然的机会，齐白石在做雕花木活儿时，借到一本乾隆年间刻印的彩色《芥子园画谱》。他用了半年的

时间，临摹了上千张手稿，从那以后在干活儿的过程中他就以画谱为据，齐白石的雕花技术从此实现了一个质的飞越。

26 岁时，齐白石拜湘潭画像第一名手萧芗陔为师，又在萧芗陔的介绍下认识了当地著名的画家文少可。在两位老师的精心指导下，他学习了“以形写神”的绘画技巧。

27 岁时，齐白石跟随湘潭著名画家胡沁园和续聘在胡家的湘潭名士陈少蕃学习读书、写诗。两位老师为齐白石取名“璜”，取号“濒生”，取别号“白石山人”，那时候的齐白石就真正踏入了画匠的行列。

1917 年，齐白石 55 岁。他的家乡发生了兵匪之乱，他只好远赴京城，以卖画、刻印为生。1919 年，齐白石定居北京。齐白石追求“画妙在似与不似之间，太似则媚俗，不似则欺世”，他的画风淳朴，形成了自己独特的大写意国画风格，与吴昌硕并称为“南吴北齐”。

齐白石从一个木匠成功转型为一个画家，这与他年轻时不轻言放弃，不断努力进取有很大关系，哪怕他没有进过学堂，但是他却在实践中刻苦学习，博采众长，终成大器。

如果你想要取得好成绩，却不去努力；想要过富足的生活，却不去拼搏；想要健康，却不去锻炼，那最后你就不要抱怨自己过得不够成功了。网络上流传这样一句话：“别在最该奋斗的日子，选择了安逸。”是啊！没有努力就不会有收获，只有努力过后，才有资格判断自己的运气是好还是坏。

花开花落，日月如梭，这正如同学们的少年时代。如果你在应该学习的时候没有好好学习，反而去谈恋爱，在应该吃苦的年纪选择了安逸，错过的年少时光就再也没有了。

当你觉得自己很辛苦的时候，想想那些在工地上挥汗如雨的民工，想想那些贫困山区食不果腹的人们，你还有什么好抱怨的呢？经历过风吹雨打，也许你会受伤，但是当雨后的阳光照射到你的身上时，你应该是开心的。无论在什么地方，只要有一颗积极向上的心，你就不会迷失方向。

不辜负积极热情的时候

年轻是可贵的，热情是可贵的，有了热情，不但能让自己激情澎湃，还可以感染周围的人。

心态最积极的时候

俗话说："自古英雄出少年。"下面我们就来看一些杰出青年在二三十岁时候的杰出表现吧！

1848 年，而立之年的马克思和 28 岁的恩格斯起草了《共产党宣言》；17 世纪下半叶，22 岁的英国科学家牛顿和 28 岁的德国数学家莱布尼茨分别在自己的国家独自研究，并完成了微积分的创立工作；1831 年，22 岁的达尔文以博物学家的身份参加了长达五年的科学考察航行；1859 年，达尔文出版了《物种起源说》，在当时的学术界引起了轰动；1905 年，26 岁的

爱因斯坦提出了狭义相对论，11年后，他又提出了广义相对论，构建了崭新的物理学大厦。

年轻人对一切事物都要充满强烈的渴望，怀着积极的心态，在工作中就更容易取得成功，因为他们相信，只要自己肯努力，就一定会实现自己的目标。

最有胆识的时候

年轻人容易获得成功，是因为他们有胆量。从众多成功人士的事例来看，那些取得一定成就的年轻人，不但有胆量，而且还有学识。

比尔·盖茨没有读完大学就开始着手创建微软，因为他知道机会稍纵即逝，自己的学识已经足够把握住这次机遇，他毅然选择了放弃大学学业，这是一种非常“大胆”的行为。也正

是由于他这种勇于实践的行为和正确果断的选择，才成就了今天的微软。

也许你要问为什么年轻人更容易获得成功呢？是因为年轻人的思想比较灵活，他们不墨守成规，善于思考，勇于开拓，还有胆量。能够取得成功的人，就是这些优秀素质的结合体。当然大胆并不代表莽撞，“胆”要用对地方，“识”要运用智慧超越自我。这就要求我们胆大心细，认准方向，坚定决心，积极努力去争取。

养成好习惯

20 多岁的时候，一个人的生理和心理开始走向成熟，这个时期如同刚刚升起的太阳，是生命中的黄金时期。对于年轻人来说，要想有一个美好的未来，满意的工作，就必须要养成一个良好的习惯，帮助我们度过这人生的重要时刻。

什么样的习惯造就什么样的人。习惯会对一个人的一生产生难以想象的影响，甚至左右一个人的成败。因此，我们要在这个黄金时期养成良好的习惯，避免坏习惯的产生，这样我们的人生道路就会顺畅很多。

曾经有一位诺贝尔奖获得者在回答记者提问的时候说过：他认为在小学里学到的东西是最重要的。在小学里，他学会了要适应老师，学会了有错就改，学会了自信，这正应了中国的那句古话：“三岁看大，七岁看老。”这句话是说从一个孩子的习惯可以推测出这个人的未来，强调了习惯的重要性。所以，要想成为一个成功人士，就必须要先养成良好的行为习惯。

头脑最活跃的时候

一个人头脑最活跃的时候是什么时候？一个人奇思妙想层出不穷的时候是什么时候？一个人最不想遵守常规的时候是什么时候？是二三十岁的时候。在这个关键时期，如果你选择了安逸，不思进取，那你的头脑就会变得越来越不会思考了。

保持思维活跃

对于一个人的发展来说，思维起到了至关重要的作用，它是我们对世界事物认知的缩写，决定了我们对待世界万物的态度。

思维不仅面对外界，还面对人的自我，主要指我们的价值观和世界观。价值观和世界观决定了人类的思想和行为，并影响一个人的一生。世界在进步，我们每个人也在不断发展，对于二三十岁的年轻人来说，这个阶段正是价值观和世界观不断发展和完善的阶段。

在我们很小的时候，思维就已经开始出现并且发展，在我们成长的过程中，思维也在成长，逐渐形成一个认识自我和世界的思维方式。它指引我们前进的方向，帮助我们度过各种不如意的坎坷。不过，有了正确的思维方式，我们还要弄清楚自己的位置，知道自己想要什么，想要去哪里，才能决定要走的道路。如果思维方式不对的话，我们就会被假象蒙蔽，迷失了方向，作出错误的判断。所以我们要仔细观察客观情况，汲取新信息，不断完善自己的思维，让它更加完美。当然也有一些人懒的更新自己的思维，这些人是可怜的，心理多少会有一些问题。少数幸运的人能够自觉地去拓宽对现实世界的认知和理解，及时完善自己的思维方式，勇敢地进行自我改善，让自己逐步趋向完美。

重视自己的想法

如果你突然有什么奇思妙想，最好把它记录下来，并逐渐养成习惯。如果你的想法因为没有及时记录下来而错过的话，不就成了遗憾吗？一些好的想法能帮助我们解除疑惑，所以我们应该随时携带纸和笔，养成随时记录自己奇思妙想的习惯，不放过每一个机会，不给自己留下遗憾。

刘强是一个思维敏捷、细心周到之人，喜欢动手动脑，经常做一些小发明和小制作，同学们非常钦佩他，并给他起了个绰号“小爱因斯坦”。可是，这么优秀的刘强在做实验的时候总是会出错，每次到了一个关键的步骤，就卡在那里，进行不下去了。这是怎么回事呢？一次实验课上，他又被卡住了，他就去问班主任，希望班主任能够帮助自己解开疑惑。

班主任看了看他，说道：“你的口袋里装着纸和笔了吗？”

刘强摇摇头，不解地问道：“没有，装那个干吗？”

班主任笑了，“如果你做实验的时候想到了什么好办法会怎么办？记在哪里？”

刘强不好意思地笑了笑，说道："呵呵，我没有想过这个问题，好多想法在脑海中一闪而过，过后就忘了。"

爱迪生生于 1847 年。小时候的他就流露出了强烈的好奇心，只要遇到自己不懂的事情，就打破砂锅问到底，"这是什么？""那是什么啊？""为什么……"后来，人们看到他就远远地躲开，担心被他逮住问个不停。

8 岁那年，爱迪生上学了，虽然是一所乡村小学，但是他依然很兴奋。来到学校之后，爱迪生爱刨根问底的习惯没有改变，所以经常把老师问得目瞪口呆，很窘迫。

一次数学课上，老师讲数学题，在黑板上写下"1+1=2"。老师刚刚写下这道算术题，爱迪生马上站起来问道："老师，我有问题要问。""好，你问。""老师，为什么 1+1=2 呀？"这个问题问得老师一愣，认定他是故意捣乱，专门和老师作对。就这样，爱迪生只在学校里待了三个月，就被老师遣回家去了。

爱迪生长大之后，学会了无线电收发报技术。他在一个铁路分局找到了一份报务员工作，每天晚上 9 点之后开始上班，每隔一个小时必须向车务主任发送一次信号，这样他就很难休息好了。由于爱迪生白天沉迷于发明创造，晚上自然精神不太好。于是，他就设计了一个能够自动按时发送信号的机器，这个机器就是电报机的雏形。后来，他对此机器进行改造，终于研制成功了新式发报机。

还有很多科学家，他们都是对事物有极强好奇心的人。好奇心就像一颗种子，种子播撒之后只有经过浇灌、培育才能发芽，慢慢成长，才能结出成功的果实。

打破常规

经验告诉我们，走常人都走的路，想常人都想的事，做常人都做的事，这样是很难获得成功的。只有走不寻常的路，打破常规，才能获得成功。

有一个知名企业要招聘一名主管策划的副总，薪水非常高，前来应聘的人中有一位应届大学毕业生，他在招聘现场拿到的是45号。这就说明他前面还有44个前来应聘的人，说不定在主考官见到他之前，就已经定下了人选。他想：与其这样被动地等着，不如主动出击，为自己争取机会。于是，他认真地在一张纸上写了一行字，并将这张纸叠好，让人传进去。那

些应聘的人还以为他是在走后门，都用一种鄙视的目光看着他。当主考官看到这张纸条之后，他笑了，对应聘的人说道：“我刚接到一张纸条，现在我念给你们听听：尊敬的主考官，请您不要在见到 45 号之前作出用人的决定。万分感谢！”

念完之后，主考官接着说：“我们集团要招聘的是创新人才，45 号就是我们要聘请的人。”应聘的人恍然大悟，知趣地走了。就这样，这位大学毕业生如愿以偿地得到了这份高薪工作。

一般情况下，人们比较习惯于按常规办事，没有拓宽自己的思路，更没有打破常规。其实只有学习创新思维，创新方法，创新行动，打破常规，才能走向成功。

人生如同泡茶

现在很多年轻人有一种不良的风气，那就是听风就是雨。看到文学作品在社会上引起了轰动，就突发奇想要学创作；看到电脑在生活和工作中应用越来越广泛，就突然要学习电脑技术……他们想什么有用就学什么，只想速成，却忽略了学习的长期性和艰巨性，所以一旦遇到困难，就会打退堂鼓，这将导致他们一事无成。

一个年轻人，工作失意，于是就到千里迢迢之外的普济寺寻求帮助。他见到老僧释圆后说：“我的生活有太多不如意，感觉活着没目标，没动力，没意思。”释圆只是默默听他倾诉，并不插话。末了，释圆吩咐小和尚去烧一壶温水。

很快，小和尚把烧好的温水送过来。释圆并不说话，只是将温水倒入杯中冲茶给年轻人喝。茶叶静静地漂浮着，杯子里有热气冒出来。年轻人有些疑惑不解，问道：“大师，您为何用温水泡茶呢？”

释圆并不回答他这个问题，只是告诉他：“这是闽地名茶铁观音，你品一下。”

年轻人端起杯子品尝了一口，放下杯子，然后又拿起杯子品尝了一口，说：“一点儿茶香都没有。”

说罢，释圆又吩咐小和尚去烧一壶开水。

小和尚将开水送过来之后，释圆重新取过一个杯子，放进去茶叶，并倒入开水。只见茶叶在杯中上下翻腾，一缕缕茶香扑鼻而来。年轻人正想要端起杯子品尝，释圆拦住他，又往杯子中注入一线开水。只见茶叶上下翻腾得更厉害了。如此这般，释圆共注入了五次开水，杯子满了，清冽的茶香沁人心脾。释圆笑着开口：“施主，你可知这两杯茶同为铁观音，为何茶香却有天壤之别吗？”

年轻人点了点头，说道：“因为沏茶的水不同，一杯温水，一杯开水。”

释圆说：“温水沏茶，茶叶漂浮在水面上。开水沏茶，茶叶在杯中上下翻滚，反复几次，茶香自然满溢。世间之事同沏

茶是一个道理，能力不够，做事自然也就很难顺风顺水。要想摆脱失意，只有提高自己的能力，才能做到呀！”年轻人茅塞顿开，回去之后刻苦努力，遇到问题不耻下问，很快引起了领导的注意，同时也得到了领导的重用。

水温到了，茶水自然会香。功夫到了，事情自然也就成功了。

选择什么样的命运

有一名刚刚毕业的女大学生到公司报道，公司里的小伙子带她去领办公桌，可是，她左挑右挑，转了一个小时都没有挑好。小伙子不耐烦了，说：“不就是一个办公的桌子至于挑这么久吗？”令人惊讶的是，那名女大学生反驳说：“这是我的第一份工作，说不定我要一辈子用这个办公桌呢！”

女大学生无心的一句话，让小伙子深受震撼，他想到自己一辈子可能就围着一张办公桌转，这是多么可怕的一件事。因此，他果断的辞职了，离开了闲散的机关单位，开始自己创业，而他就是现在的房地产大亨潘石屹。

有一些人其实他们天赋差不多，但他们选择了不同的路，所以他们的人生也就各不相同。所以做好选择是多么重要的一件事。不同的选择会通往不同的人生。尤其是在二十几岁时的选择，这些选择可能会决定 30 岁以后的命运。

在人生的十字路口上，我们会很渺茫，不知道应该选择哪个路口，更不知道选择哪个路口是正确的。

有一天，哲学家苏格拉底让他的学生在苹果林里挑选一个最好的苹果，但条件是不能回头。有些人刚开始就看见了一个很好的苹果，但他觉得后面可能还会有更好的，所以就没有摘下来，直到走到最后，才发现刚开始的那个苹果最好；还有一些人，刚进林子就摘下觉得是最好的苹果，但走到后面发现还有更好的苹果，但已经不能反悔了。

其实我们的人生就好似一片果树林，它会让我们去做一次次不重复的抉择，一旦摘下自己的果实，就没有再回头的机会了。因此，我们要细心地比较，然后选择出一条最明智、最好的路，摘到最好的果实。

我们如果想走向成功，就必须作出正确的选择，选择出正确的方向。虽然不能马上成功，但在不远的将来也会成功。因此，选择出正确的前进方向也是尤为重要的。可是有一些选择是看不到结果的，那又怎么知道自己的选择是对还是错呢？对于这种选择题，我们是应该选择当时看着最好的一条路呢，还是应该选择一条适合自己的路呢？

当面对选择时，基本上是不会有人觉得自己是错误的——不会有人故意作出一个错误的决定。即使会选择错误，也是因为不会或者不懂如何选择的原因。我们往往都觉得自己很明智，以为自己的选择都是对的。但做到明智的选择很容易，做到有

智慧的选择就会很难。在年轻的时候，由于我们对社会、对自己都不是十分了解，因此，我们必须先学会认识社会和自己，只有这样才能知道如何作出最正确的选择。

二十几岁时，因为我们没有什么生活阅历，并不能清晰地分析自己所面对的选择，所以这个时候就不要用我们聪明的头脑了，可以适当地笨一点。二十几岁的时候失败了，大多都是由于自以为聪明而做错了选择。我们以为我们很聪明，聪明到可以不牺牲、不妥协、不付出。事实上，当我们还处在不利地位的时候，必须要学会改变自己，学习牺牲和妥协。

为了更好的生活，我们只能去适应。只有学会更好地适应，让自己变成包容万物的水，才能使我们得到更好的生存和发展。

当我们选择工作的时候，不应该只看现在，还要考虑到未来。许多人在面对不同的工作时，都会觉得薪水越高就越好！他们认为，工作就是为了挣钱，努力学习这么久，就是为了得到一份高收入的工作，赚到很多很多钱。不能说他们的理论是错误的，因为努力了这么多年，能得到一个好结果是所有人的希望。但我们必须知道，我们若仅仅是为了赚钱而在公司工作，那将来有一天，我们对公司不再有价值，公司也会毫不犹豫地解雇我们。所以用挣多少钱来评判一份工作，是鼠目寸光的行为。

杜宾斯基在工资只有以前一半的情况下，选择进入苹果计算机公司。安迪夫吉同样也是，在商学院毕业后，接受了最低薪酬的工作，最后他却成了罗必凯公司的CEO。他们作出这种选择的原因是："千万不能以赚钱多少来选择自己的工作。谁都希望能赚到很多钱，但是如果为了选择高收入的工作而改变自己的目标，会改变我们一生的职业生涯！"

二十几岁的时候，不能只看到有形资产，而忽略积累无形资产。在每个行业里都是一样，只有你具备了很多无形资产后，自身的价值才会充分地体现出来，好机会就会来到你面前。不幸的是，大多数人在二十几岁的时候，都很在乎自己的有形资产，从而忽视了自己的无形资产，这样的选择往往会使他们一生都在担心薪水和失业。

在二十几岁的时候，千万不要目光短浅，要学会考虑长久，放眼未来，避免作出错误的选择。当你找到一份对的工作时，不仅仅可以赚到有形资产，你还可以体现自己的人生价值，未

来的职业生涯也会光明一片。就好比射击运动员一样，只需要关注那一个靶心，找工作也是这样，只需要找到适合自己的行业，而并非高薪的工作。

找到适合自己的生存之路

二十几岁的时候不能把事情看得简单化。严格的坚持和贯穿道德标准，只会让道德绝对化。为了生存，就必须学会和运用处世手段和生存技巧。一味地坚持所谓的道德守则，只会让我们在生存竞争中失败。

生存的目的是属于道德范畴的，而生存手段和技巧的应用却不属于。就好比你有一把刀，可以用它做好事，也可以用它做坏事。而生存手段和技巧就跟这把刀一样，人们可以把它当成工具来达到自己的目的，虽然有人会用它达到邪恶的目的，但也会有人让它做正义的事业。

仅仅因为有些人用手段和技巧干了坏事，我们就把这些手段和技巧当作坏的东西而不利用，认为它们是不对的，那这样的看法就太片面了。

尊崇道德，自然是好的。可我们应该知道，现实社会是不完美的，仅仅依赖道德是不能实现对客观世界的改造的，所以必须要用一些手段和技巧才能够实现目标。比如，让别人办事，就要运用到察言观色这个技巧，没有这些技巧和手段，事情是没办法成功的。

张超在一家投资公司做项目经理。有一次，他需要调查一家公司的信用。很巧的是他认识另一家大企业的董事长，而这位董事长对该公司的营运状况很了解，于是，张超便亲自去拜访了这位董事长。当张超进入董事长室，才刚刚坐下，女秘书便探头进来对董事长说："对不起，今天我没有找到邮票给您。""我那个12岁的儿子很喜欢搜集外国邮票，可是它们实在是不好找。"董事长羞愧地向张超解释。然后张超便直接说明来意。但董事长却故意装糊涂，不做正面回答。张超很无奈，只好赶紧识趣地离开了，什么收获都没得到。张超在回去的路上，突然想到那位女秘书的话，邮票和董事长12岁的儿子。然后，张超又想到他服务的投资公司国外科，每天都会收到来自世界各地的信件，他们肯定有许多各国的邮票。

于是，第二天下午，张超又去找那位董事长，不过这次去的理由是，专程给他送邮票来了。

董事长很高兴地欢迎了他。当张超把邮票交给他的时候，他不仅面露微笑，而且还是双手接过邮票，然后还像得到稀世珍宝似的说："啊！多有价值！我儿子肯定会特别高兴。"

后来，董事长和张超就有关集邮的事情谈了30分钟，还让张超看他儿子的照片。不一会儿，张超什么都没说，董事长就主动和张超说了一个钟头业务上的事情。他不但把自己知道的事情都告诉了张超，甚至召部下询问、打电话请教朋友。张

超通过几十张邮票让他成功地完成了任务。

人与人之间如果想交往长久，就需要在你来我往之间加上一些礼尚往来。不要认为物质和情谊是对立的，如果没有物质做基础，那情谊也不会长久。因为人们在为人处世的时候坚守道德的标准，所以社会得以正常运行，同时也让生活更加的美好。

可是，如果想要道德在现实中生根、开花、结果，就需要它先扎根于客观的现实中，理解社会运行的基本法则，合理掌握和运用基本的生存手段和处世技巧。

知道自己坚持的是什么

二十几岁的男孩儿刚刚进入社会,会遇到很多很多的诱惑。因为诱惑具有吸引力，它会动摇人们的意志，让人作出违背自己原则的选择。诱惑是美好的，它在你饥饿的时候，可能是一块甜美的大蛋糕，可能是很多很多的钱，也可能是你想要得到的某个职位。

陈默出生在上流社会，而且从小聪慧伶俐。他的父亲是个有名的商人，因为是家中独子，所以父亲从小就对陈默寄托了很大的希望。所幸，陈默很争气，他在父亲的指引下，从小勤奋学习，结交了很多良朋益友。还成功地从当地一所著名的州立大学经济学专业硕士毕业，然后，陈默在父亲的建议下继承父业，帮父亲管理家族产业。过了几年，陈默凭借出色的工作能力、灵活的处事方式得到了父亲的认可。

在别人看来，陈默才华横溢、出类拔萃、年轻有为，前途不可估量。可是陈默自己却并不认同。他感觉在这种工作中得不到他想要的激情。所有的一切都只是顺其自然、理所当然的事情。当同龄人正在为事业辛苦拼搏的时候，他已经感到疲惫了，不是他能力不行，而是他找不到为之奋斗的理由。

终于，在心理专家的引导下陈默发现自己其实只想做一个眼镜店的配镜师！

诱惑就像是幸运和灾难一样，在人们的生活中扮演着它的角色，并且无处不在。在陈默的故事中，他的诱惑就是深受父母影响；而在职场中，诱惑会更多，比如金钱、名誉、身份、

地位，等等，沉迷于这些诱惑中只会使我们的职业生涯和人生变成不幸与灾难。充分认识诱惑，经常理性地进行自我审视，只有与诱惑保持一定的安全距离，才能充分地保障自己健康的发展空间。

自己的内在因素起决定性作用。如果一个人原本就对自己的目标不明确，那么他（她）就很容易被外物所诱惑而改变航向。一个人之所以会目标不确定，大多数是因为自己不了解周围的环境和自身的情况。

当选择一个职业的时候，不仅仅要考虑到自己的兴趣、性格，还必须考虑自己的能力。

在二十几岁的时候，由于年轻，缺乏对社会的认识和了解，可是，只要我们保持着清醒的头脑，犯错误的概率是可以降到最低的。当我们越来越成熟和理智后，犯的错误也就会越来越少。在拥有理智和成熟之后，我们会生活得更加幸福和快乐，人生也才能更有价值和意义。

我们作出的很多选择，大多在当时是有利的，可从全面来看，却是不利于未来，甚至可能对我们整个人生来说都是一个失误。但当面临诱惑时，人们往往无法抵挡，没有免疫力。现在很多的年轻人一心想出去闯荡世界，而不安心于本单位的工作，甚至还有的人因为“贫穷”，选择去大城市寻找出路。从来不知道自己适合什么，仅仅抱着试试看的态度就选择跳槽。凭这些可以看出，不断地跳槽不是自己去适应生活，而是要求生活去适应自己，这是不符合客观生活规律的。每个人都不能任由自己的性子去做工作，应该去适应社会的需求。

现在之所以会出现普遍的跳槽现象，主要是有些人刚开始只求先站住脚跟，等稳定了再谋求发展。但是有的人会把跳槽当成习惯，一份工作干不了多久，就会觉得厌倦，再加上看到别人在职场中流动，然后就急于换别的工作，最终的结果就是在职场上不停地跳来跳去。可几年后就会发现还是在这个不大的圈子里转来转去，自己仍然是居无定所，甚至没有一个固定的女朋友。有的人即使到了中年也没有建立一个自己的平台，始终飘来飘去。

二十几岁的时候，我们应该坚持自己的理想。不能因为一点点风吹草动就转变方向，这样的结果只能是失去方向。

SECTION 第二章

找准自己的方向

每个人都应该有目标，因为目标对年轻人有导向性作用。我们的一生，只有树立了目标，并为之付出、奋斗，才会成功。相反，如果失去了目标，就会迷失发展的方向，丧失成功的动力，最终导致失败。

要遵守原则

一位作家在一次坐车途中对旁边一辆空计程车违规肇事的事情感到十分好奇，就问司机："为什么没有载客的空车会违章呢？他不是应该从容地开吗？"

司机回答："空车才更容易出事呢！这是因为空车司机急于找客人，注意力不集中，然后东张西望；当要左转的时候，就会想右边客人可能多一点，就突然改为右转，车的速度虽然慢，却容易出事。相反，载了客人的车，司机心里就有了方向，即使开得很快，也不容易肇事。"

司机这番话蕴含了很深的哲理！我们人生其实就是这样，找准自己方向的人，发展的速度快而平稳；找不到方向而犹豫不决的人，不但速度慢，而且容易出错。制定目标就是这个道理。

下面是制定目标需要遵守的5个原则。

1. 明确而具体

刘易斯·沃克是美国财政顾问协会前总裁，他曾经接受一位记者的采访，当记者问他："到底是什么原因使人无法成功？"沃克回答说："模糊而抽象的目标。"记者请他做进一步的解释。

沃克说："我在几分钟前就问你，你的目标是什么？你说

希望有一天可以拥有一栋山上的小屋，这就是一个模糊且抽象的目标。问题就在‘有一天’不够明确，‘山上的小屋’不够具体。也就是说，你希望那栋小屋是什么样子的，购买它需要多少钱，你心中没有清楚的答案。因为不够明确具体，所以成功的机会也不大。如果你真的希望在山上买一间小屋，你必须先找出那座山，了解清楚你想要的小屋的现在价值，然后考虑通货膨胀，算出 5 年后这栋房子值多少钱；接着你必须决定为了达到这个目标每个月要存多少钱。如果你真的这么做了，你在不久的将来就会真的拥有一栋山上的小屋。”

《富豪的心理》这本书的作者是勃生特，他曾指出：“我研究过很多富豪，他们每个人都有明确的目标，都清楚地知道自己要赚的钱的数额，并为完成这一目标确立了时间表。”

目标就是目的可达、可识、可辨的标记，所以它必须是明确的，具体的。人们拥有了明确而具体的目标，才会采取相应的、明确而具体的行动。

目的明确、制定过程逻辑清晰、思路得当、有策略水平的目标才算得上是明确的目标。

具体的目标是用数字来反映的。它表现了目标的科学性和严谨性，方便在操作中进行均衡权度。

目标好比是市场上的电子秤，想称什么，清清楚楚地摆在盘子里；想称多少，也会明明白白显示在刻度上。

2. 大胆而详细

亨利·福特是著名的汽车大王，他生动地描述过他大胆而详细的目标——普及汽车。他说：要为世界上所有的人制造一种售价便宜的汽车，有正当工作的人都负担地起，这样就可以和家人一起奔驰在大地上。当我完成自己心愿的时候，大家都买得起汽车，每个人都会拥有一辆车，马路上就不会再看到马匹，而汽车却随处可见。此外，我们还会为许多人提供就业机会，并给予他们丰厚的薪酬。

这个情景，既美丽动人又很有感召力，亨利·福特就是在这样大胆而详细的目标指引下，建起了他的汽车王国，开创了他的汽车时代。

大胆而详细的目标能有效地激励我们进步。大胆，就是超乎我们的想象，让我们感到振奋；而详细，是指科学合理，显而易见。有机地结合感性和理性，让激励与约束互相配合，才

能使目标明晰而具有驱动力，把个人的能量集中起来，更好地激发战斗精神。大胆可以长效久行，详细可以激发活力。大胆的目标才能产生动力，详细的目标才能形成助推力，大胆与详细合二为一才应该是一个成功者的事业规划。

3. 远大而合理

有关成功的书籍告诉我们这样一句话："每一个成功者都有一个伟大的梦想。"我们按照这样去做，却没有成功。原因是什么呢？

我们要有远大的梦想，并为此设定合理的目标。远大的意思就是不要把精力过多地放到琐碎的事情上，这样会被它耗空能量而无所作为。一定要扩大自己的能力空间，让才华得以施展，从而让时间变得明确而深远。合理的意思就是要与大方向、大潮流、大趋势相适应，合乎逻辑、规律、变化。合理的目标，能够左右逢源，合体合用，一往无前。

4. 切实而可行

我们每个人都应该学会务实！如果我们建立了确定的理想并决心要达到这个目标，那我们应该注意这个目标是不是切实可行？

如果我们不能切合实际地掂量自己的能力，而对自己又要求过高，想要做到最好，这往往是不现实的。就好比你想成为一位伟人，又不具备成为伟人的各种能力和实力，最后，这个目标与现实条件差距太大，就只是空想。因此，确立目标时，一定要认清现实环境，这一点非常重要。

为了达到切实可行的目标，我们应该注意以下几点：

（1）目标要用明确的词句进行说明；

（2）要把宽泛的目标合理地延伸为明确的短期目标；

（3）应该具备计算目标完成的成功程度的能力；

（4）目标应该有实际的意义，要与你的价值和长期目标协调一致；

（5）给每个近期可能会实现的目标订立一个完成的期限；

（6）要懂得辨认所有目标中隐含的能力目标，知道自己应该加强的是什么；

（7）要考虑环境因素，让目标变得实际；

（8）辨别不同目标的重要性，比较后列出优先顺序；

（9）要简单化，切勿罗列琐碎的目标。

5. 具有挑战性

真正的目标肯定是充满挑战性的。正因为它的挑战性，并且由自己选择，所以一定要积极地去完成它。

要专注学习

对于个人和集体而言，重视学习是最重要的。如果没有勤奋好学之心，就不会有进步；如果没有好学的氛围，集体的发展就会停滞不前。当代社会要求建立学习型企业，培养学习型人才。20 世纪 70 年代名列《财富》杂志世界 500 强排行榜的

大企业，三分之一已经销声匿迹了，这些企业和领导者面临的困境或许大不相同，然而他们大都有一项失误的共同之处，那就是忽略了学习的重要性。

天赋能让我们优于他人，但是后天的学习可以使我们在其他领域发挥优势，让我们可以在不同的岗位创造不同的奇迹。学习对个人来说非常重要，能让一个人变智慧，更好地适应社会的进步。一个想要成就大事业的人，就应该具备相关知识，通过不断学习获得知识，充实自己。学习十分重要，远远超过天资等先天条件，勤能补拙。如果能够认识到学习的重要性，并且重视学习，才会比别人懂得更多，做得更好。

学习的过程中我们要经常向别人请教，因为对方可以帮助自己，指正自己。工作上，我们应该多向同事请教，这样才能认识到自己的不足，不断学习他人的长处。当遇到不懂的难题时，我们应该向老板、师长和专业人士请教，可以避免我们走弯路。向成功人士和强于自己的人请教，能够使我们的能力变得更强，让自己成为一个成功者。

我们做人、做事不仅需要专心学习，更需要虚心求教。

1. 深入学习

有一个人因为不满意自己的工作，向朋友抱怨道："我的老板一点儿都不重视我，好像有没有我都一样。明天我一定在他面前把文件扔到地上去，然后辞职换一个新的工作。"

他的朋友反问他："目前，你熟悉这个公司的贸易种类吗？清楚他们客户的情况吗？"

“那倒还没有。”

“君子报仇十年不晚，如果你现在离开，老板是不会在乎的，你不如好好地熟悉公司所有的贸易种类、客户情况，干好办公室的日常工作，然后再辞职不干，”朋友向他提出了建议，“你应该把这个公司当成是一个免费学习的地方，等你把这些工作都熟悉了，然后一走了之，那不是更出气吗？”

这个人听了朋友的建议，觉得很有道理。他回到公司后就像变了一个人，为了尽快离开这里，他利用空闲的时间学习业务知识，在去复印材料的路上都会边走边研究文件的写作方法。过了一段时间后，那个朋友又见到了他，问道：“你现在可以报复公司了吧？”

“但是我察觉最近我的老板越来越重视我了，我已经成了公司的重要人物了！”

他的朋友笑着说："我早就猜到了！曾经的你天天因为老板不重视你而生气，业务上不优秀，你自己也不肯努力学习。现在你去除了怒气，下苦功夫，努力提高自身业务水平，自然就吸引了老板的注意。

人们常常存在这样的毛病：只知道抱怨老板的态度，却不知道反省自己的能力！"

如果你想成就一番事业，那就必须有个人资本，而这个资本就是指努力、进取与高度的社会责任感。因此，我们应该培养能力，并积存起来，作为我们安身立命的根本。

2. 请教他人

小文最近很烦躁，他就职于公司市场营销部，公司连续四个月的业绩评比表中，小文都在小华之下，屈居第二。他心里很不平衡，觉得自己功夫下得多，资历又比小华老，怎么可能落在他后面呢？小华进公司还不到三年，但是他掌握的客户资源却是自己的1.5倍。小文虽然心里很不服气，但是静下心来一想，觉得人家肯定有自己的优势之处，自己与其不服气，不如向人家虚心求教。

某天，他特意邀请小华一起健身，并向他诚恳地请教一些问题。小华向他讲述了自己做营销的小窍门儿："其实我只是平时看书多、上网多、领悟快、进步大而已。我觉得做营销，不仅要懂得发展新客户，更要盘活老客户。你要让老客户感受到自己的诚信和友善、信誉和热情，这样他才可能会把自己的亲戚朋友介绍给你，发展为你的新客户。

我有一个笔记本，上面专门用来记录客户的一些特殊情况，这样就可以在细微处做文章，当遇到出差时顺便看望客户刚刚考入该地大学的孩子，或者遇到特殊的日子时，替当天有重要会议的人，为他的家人送一束鲜花……我觉得这些本来就是工作上的琐事，我认为做这些工作就应该具备‘功夫在诗外’的精神。我专门为每位老客户设立了生日档案，在他们生日当天，我亲手做一张精美的贺卡，然后配上小礼物一起邮寄给他们，客户们收到时都很感动，并向我打电话表示感谢……”

小文听了这些，一下子明白过来。在今后的工作中，他也学会了运用这几招，业绩直线攀升，现在和小华可谓是旗鼓相当了。与此同时，他和小华的关系也越来越好，友谊也越来越深。

有时候我们会发现，虚心求教能让我们在工作迷茫时找到方向，快速前进。更能让我们与同事的人际关系变得越来越好，让我们工作起来更加快乐。

3. 请教老板和师长

说起学习创业的典型，不得不提到近代著名商人黄楚九。

十五六岁的黄楚九，在上海一家药店当学徒。他第一次开创了给顾客送药的服务，受到极大的欢迎，不仅使老板的生意有所改变，而且赢得了顾客的好感。

有一天，他从一个好心的老太太那儿借了点儿钱，买了一间小房，挂了块牌匾“黄楚九药店”。但是他对经营一窍不通，也没有流动资金。于是他回去对老板说：“我要开一家药店。”老板很不解，你在我这里好好打着工，为什么会想着开药店了

呢？就问他：“那你懂吗？”他老实地回答说：“我不懂，但我想把药店租给你，我还在这里给你打工。”

老板考虑了一下，觉得这个药店占据了优越的地理位置，就同意了。于是，老板付给他 150 块大洋，租用 3 年。

他积攒下一点儿钱后，就又买下一家药店，就这样他连续开了 7 家药店，并且都租给了老板。老板不但有钱，还懂如何经营。他帮着老板经营的同时，还偷偷地跟老板学。但他还有一个条件，那就是这几家药店租期到了以后，“黄楚九药店”的牌匾不能摘，要归还给他经营。凭借这种方式，3 年后他拥有了 8 家连锁店，赚到了自己的“第一桶金”。后来他药店的生意越做越大，超过了原来的老板，同时建起了“大世界”娱乐场，在当时享誉中外。

对于自己不懂的东西，就应该求教别人，多问、多动脑，才能获取自己想要的知识。如果你想成为一名优秀的企业家，你就需要学习、研究成功企业家的经营理念、经营手段和方式、竞争手段和方式，不断总结经验教训，取得成功。

要参考的因素

有时候我们常常找不到人生的方向，想试试这个，又想试试那个，好像永远没有定向。其实，他们面临的问题，就是不知道自己想要的是什么。假如你自己都不知道自己想要的是什么，那就永远不会完成自己的目标。

众所周知，福特是美国的汽车大亨，他很欣赏一个二十几岁的年轻人的才能，想帮助他实现自己的梦想。但是，当他知道这个年轻人的梦想时，他感到很吃惊：这个年轻人最大的愿望就是能赚 1 000 亿美元，超过福特财产的 100 倍！福特想知道年轻人为什么想有那么多钱，而年轻人觉得只有拥有了那么多钱，才能算是成功，自己也不知道具体想做些什么。福特说："如果你真的拥有了那么多钱，就会对整个世界构成威胁，我觉得你还是不要考虑这件事了。"

在长达 5 年的时间里，福特不见这个年轻人，有一天，年轻人告诉福特，想创办一所大学，而自己已经有了 10 万美元，还差 10 万。福特就开始帮助他，而 1 000 亿美元的事再也没有被提起。

8 年后，经过年轻人的努力，他终于成功了，这就是美国著名的伊利诺伊大学的创始人本·伊利诺伊的故事。

如果想要成功，就必须制定自己的目标。拥有了梦想才能树立正确的人生目标。你的雄心壮志是要建立在明确的人生目标之上的。那我们应该怎样制定成功的目标呢？需要参考下面这四个因素：

1. 适应社会需要

每个人才的成功，都得力于顺应历史潮流，按时代的方向而努力奋斗。时代造就人才，现代社会需要不同领域、不同类

型、不同层次的人才。有时候某个领域、某一种类型或者某个层次出现了空白，其实是社会需要在为你提供成才的机会。社会需要弄潮儿，不需要隐者，如果你只愿意做隐者，那你连温饱问题可能都无法解决。因此，当自己的目标与社会需要相适应时，才有可能成长起来。

2. 发挥最佳才能

我们每个人都有多种才能。这些才能包括最佳才能、较佳才能和一般才能。成才者，往往是最佳才能或较佳才能和成才目标共同发展的结果。

就人才来说，成才包括再现型、发现型、创造型三种类型。善于积累知识的属于再现型人才；驾驭知识能力强的属于发现型人才，他们经常有所发现；而创造型人才具有敏锐的洞察力和丰富的想象力，他们经常会有一些重大发明和突破。事实上，“发现自己”不是一件容易的事，常常需要不断地反复实践，才能发现自己是哪一种才能类型，以及哪种才是自己可发展的最佳才能。

3. 发展性格优势

一个人已经形成的性格，应该与自己的职业、目标相适应，然后具备其他主客观条件，才能达到理想的目标。通常，性格开朗、活跃、热情、温和的人，当演员和从事社交活动比较合适；而性格多疑好问、深沉、严谨、求实的人，比较适合治学；适合当军事家或领导人的人的性格一般勇敢、沉着、果断、顽强。想要成才就要掌握自己的性格特征，找准自己的性格优势，扬长避短，才能取得成功。

4. 满足兴趣

有一条定律就是：人们不仅有广泛的兴趣，还有一个比较稳定、持久的中心兴趣。中心兴趣能让人获得渊博的知识，使某个方面的特殊才能得到充分的发展，同时让兴趣活动更富有创造性。人们的成果大部分集中在中心兴趣的延伸线上。

要随时充电

现代社会的人才不断被折旧，防止人才折旧的最好方法就是学习。

信息时代，新知识不断膨胀性扩展，企业管理人员最终意识到，必须不断开发企业内部人力资源，这样企业员工所具有的知识与技能才能完成再生及再利用，不然这种“易耗型资源”就会被消耗殆尽。

学识与经验上的努力，是我们在危急关头最有力的支持。一个建筑师，平时他只要拿出一半的经验，就足以应付一般工作，可是到了重要关头时，就必须搬出他所有的技术、学识与经验来应对；一个商人，平时他可以随意经营，但不会就此持续下去，他必须学会更大的本领，好在遇到逆境时搬出来应对。

我们在初入社会时，要有尽可能多的准备。在初创事业时，或许只要一部分学识就足以应付，但随着事业渐渐发展，就必须把所有的学识都搬出来应用。所以，累积起来的学识与经验，是成功的资本。累积起来的资本是无价之宝，我们必须趁年轻时把握机会，努力学习。

我们所拥有的唯一真正的资产就是自己的头脑，这是我们所拥有的最强有力的工具。随着工作的变化，我们每个人都要不断地向自己的大脑里注入各类知识，以满足不同工作的需要。

在当今知识经济的社会里，知识越发凸显出它超常的价值，在知识和信息方面落后于人，很快就会被社会淘汰。因此，自我投资非常重要。在必要的投资上不能舍不得花钱，它给你带来的效益可能远远超过你对它的投入。我们都明白“书到用时方恨少”的道理，往往在你需要的时候，比如，在应聘一个重要职位的时候，才发现现学是来不及的。所以，平时就要了解社会发展的动态和趋势，了解什么是当前社会中最有用的知识，要尽快地去掌握它。这样机会到来时，你才会发现你比别人有更大的筹码和胜算。

随着职场进入了后学历时代，学历之外的“素质训练”将被用来证明你比别人更优秀。为此，我们需要树立自我投资的意识。

1. 学无止境

晋平公是春秋末期晋国的君主。他晚年的时候想学一些知识，可是总觉得自己已经老了。

有一天，他向乐师师旷求教说：“我现在已经70多岁了，很想学些知识，恐怕太晚了吧？”

师旷回答：“晚了，为什么不点蜡烛呢？”

晋平公没有听懂他的话，生气地说：“哪有为臣的这样戏弄君王的！”

师旷说：“我怎么敢跟您开玩笑！我记得古人说过：少年时爱好学习，就像日出的光芒；壮年时爱好学习，就像太阳升到天空时那样明亮；到老年还能爱好学习，就像点燃蜡烛发出的亮点儿。蜡烛的亮光虽然微弱，但同没有烛光在昏暗中愚昧地行动相比较，哪一个更好一些呢？”

晋平公点了点头说：“你说得真好！我已经明白了。”

学习是一种乐趣，也是一种积极的态度。我们不应该用自己的条件来限制学习的自由，如果我们对学习充满热情和兴趣，

就没有什么学不会的。只要有想学习、愿意学的动力，就会觉得快乐和轻松。

2. 提升竞争力，做足自己

一位搏击高手参加比赛，自负地以为一定可以夺得冠军，却不料在最后的竞赛上，遇到一个实力相当的对手。双方皆竭尽了全力出招攻击，搏击高手警觉到，自己竟然找不到对方招式中的破绽，而对方的攻击往往能够突破自己的防守。

他愤愤不平地回去找他的师父。在师父面前，一招一式地将对方和他对打的过程再次演练给师父看，并央求师父帮他找出对方招式中的破绽。

师父笑而不语，在地上画了一道线，要他在不擦掉这条线的情况下，设法让这条线变短。

搏击高手苦思不解，最后还是放弃继续思考，请教师父。

师父在原先那条线的旁边，又画了一道更长的线，两者相较之下，原先的那条线看来变得短了许多。

师父开口道："夺得冠军的重点，不在于如何攻击对方的弱点。正如地上的长短线一样，只要你自己变得更强，对方正如原先的那条线一般，也就无形中变得弱了。如何使自己更强，才是你需要苦练的。"

人们所欣赏的那些成功人物都是通过竞争和不断地创新逐渐脱颖而出，成为各个领域的佼佼者。他们的竞争意识与自我创新力并非与生俱来，而是在后天的奋斗中逐渐形成的。因此，我们要通过学习，将自己历练成有胆、有识，敢于竞争的强者。

3. 充实自己的能量

某位学子不远千里四处访师求学，为的是能学到真才实学。可是让他感到苦恼的是，他学到的知识越多，却越觉得自己无知和浅薄。有一次他遇到一位高僧，便向他倾诉了自己的苦恼，并请求高僧想一个办法让自己从苦恼中解脱出来。

高僧听完了他所诉说的苦恼后，静静地想了一会，然后慢慢地问道："你求学的目的是为了求知识还是求智慧？"那位学子听后大为惊诧，不解地问道："求知识和求智慧有什么不同吗？"

那位高僧听了笑道："这两者当然有所不同了，求知识是求之于外。当你对外在世界了解得越广，了解得越深，你所遇到的问题也就越多、越难，这样你自然会感到学到的越多就越无知和浅薄。而求智慧则不然，求智慧是求之于内。当你对自己的内在世界了解得越多和越深时，你的心智就越圆融无缺，你就会感到

一种来自内在的智性，也就不会有这么多的烦恼了。”

一个有广博知识的人不一定有很高的智慧，同样一个有很高智慧的人也不一定有很广博的知识。一个人的学习能力、思维能力比获取知识本身要重要得多。

要汇总好办法

其实大部分工作是很简单的，对于优秀的人而言，这些工作总是能给予他们宝贵的经验。无论身处什么样的工作环境，或者从事什么层次的工作，他们都能学到很多东西。我们如果能在每一项工作中都对这一点深信不疑，那么生活就一定会好起来。

职场人的学习渠道至少有三种，包括：“学习与工作分离”“在工作当中学习”“把学习放在工作中”。据统计，在微软，员工工作中的技能和知识，70%是从工作中学习获得的，从经理、同事处学到的占20%，其余的是从专业的培训中获取而来的。

“在工作当中学习”和“把学习放在工作中”是两种最有效的学习方式，它们能使“门外汉”快速地转化成“合格者”，最终变成一个“专业”人才。有的人可以在工作中发现自己的不足，然后努力在工作中对自己的不足进行弥补，就能最大限度地从工作的经历中提升自己。与此同时，通过学习前人积累的知识、经验，并从中借鉴，就可以让我们少走弯路。

我们应该不断学习多种知识，学习解决问题的方法并进行总结，做到学以致用，不断提高自身运用知识的能力，使我们的学习过程转变为提高能力、增长见识和创造价值的过程。知识和能力共同促进，能帮助我们发挥自身的巨大潜力和作用。

1. 在工作当中学习

洛克菲勒去一家公司求职面试。当人事官员问他，想找个什么样的工作时，他回答："我想要找一份薪水最低的工作。我急需要一份工作。"

"来吧，你被录用了。"

洛克菲勒心里很高兴。他觉得自己处在生活的低潮阶段，无业、无家，算得上是孤苦伶仃了。他认为自己需要一个起点，哪怕是最底层的一个起点。

次日早晨，他被安排在组装线上上班，任务是把带有铜铆钉的带子缠绕在铁环上。公司当时正在为陆军制造机车手提灯，他可以获得每小时20美分的薪水。他认为手工劳动不但有趣，还令人满意。这个工作很简单。但是，头一天在组装线上，钉铆钉时，他的手就被锤子重重地砸青了。他很担心这一事故影响自己的工作，在得到了老板同意后他留下来，想研究出一个能用受伤手指工作的办法。他在车间找到了自己需要的工具和材料，并制造了一个木头节子，用它把铆钉固定住，这样就可以毫不费力地做自己的工作了。

第二天他很早就起来试用新制的工具，在其他工人到来之

前就开始做工。惊人的成功！这个木节子能把铆钉固定住，不用手扶，好比多了一只手，这样他就可以做更多的活儿。老板很欣赏他的新方法。

这个木节子，让他的工作速度加快了一倍。一有空闲时间，他就向老板要求更多的工作。他调整了工作台的高度，使组装线上的妇女干得更顺手，提高了效率。他在任何可能的环节中协助他的老板。他每天都来得早，下班后还帮助清理整顿，准备好第二天的工作。这份工作很不错，满足了他当时的需求。

公司里的人把他当作自己的家人。有一天他认识了公司的采购员——奥林·哈维。哈维问他："你在公司工作感觉怎么样？"

"挺好"，洛克菲勒说，"但我有点不想钉铆钉了。我想做点儿更具有挑战性的事情，这样才能学到更多的东西。"

"你愿意到采购部门做一个订货员吗？约翰。"哈维问。他说明了订货员的职责，并告诉约翰可以了解到整个公司的生产程序，他强调说，"所有生产成品所需的材料必须要经过订货员这一程序。"洛克菲勒非常愿意。

他通过自己的努力工作和解决问题的能力被公司认可，并获得奖励。一年的时间. 从每小时薪金 20 美分的组装线工人升到了采购部，又被提升为灯光部门的经理助理。不久之后，他又被任命为工业关系部主任。

书本上是学不到好的工作方法的。只有在工作实践中，不断地探索、总结，从别人的工作经验中不断地积累和收获，工作上讲究方法，才能提高工作效率。工作经验丰富的人，都善于总结方法并运用于实践，以获取最大的效益。

2. 咨询成功人士

阿瑟·华卡是美国一位农家少年，他在杂志上读到一些大实业家的故事,想了解得更详细点儿,并希望能得到他们的忠告。

有一天，他来到纽约，因为没有考虑到办公时间，早晨7点就到了威廉·B·亚斯达的事务所。起初，亚斯达有点儿讨厌这个年轻人，当听到少年问他："我很想知道，怎样才能赚到百万美元？"他的表情变得柔和并微笑起来，可能是欣赏他的雄心和勇气吧！两人居然谈了一个钟头。随后亚斯达告诉他需要访问的其他实业界名人。华卡照着亚斯达的指示，访问了著名的商人、总编辑和银行家。

在赚钱上，他得到的忠告并不一定能帮到他，但是成功者的经验，却给了他自信。他开始学习他们成功的做法。过了两年，这个青年成为他学徒工厂的所有者，之后他又成为一家农业机械厂的总经理。5年内，他如愿拥有了百万美元的财富。这个来自乡村的少年，终于成为银行董事会的一员。

洛克菲勒对儿子说："一个人要成功，就要不断地行动与积累经验，最快的方法就是请教一些成功者，让他们给自己一些建议，告诉你做对了什么事情，做错了什么事情，用他们的智慧指导你，这比你看书要有效地多。"

3. 自学和"偷艺"

一位优秀的年轻人想拥有一家自己的汽车销售代理店。他

知道自己没有经验，就来到一家大型销售店工作。在这段时间，就算犯了错误，损失也不用自己承担，是由雇主承担的。自学的效率很低，但是他学什么是什么，很快就学到了这一行的基本知识。三年后，他独立出来，用借的钱，开始了他的二手车推销业务。在之后的两年里，他的店铺被指定为大型汽车厂家的特约代理店，事业不断发展。

还有一位编辑朋友，不仅稿子一流，而且校对功夫也很厉害，是行业中的佼佼者。他的秘诀就是，在平时工作中不摆编辑架子，不耻下问，感动了一位有 20 年校龄的老校对，并传授给他不少校对经验。同时在与美术部门打交道时，他学习了书籍装帧方面的窍门，并非常关注装帧方面的书籍及动态，成了半个行家。在与财务部门打交道时，他留意了书刊的经济与成本核算，并对自己策划的每本书盈亏状况做到了如指掌。在他看来这些是需要平时留心的。我们应该多参考他人的意见，这样才能使我们做事少碰钉子，减少失误，这些意见往往是他们付出代价换来的经验之谈。想要提高我们的自身能力，还可以向同事学习，学习他们遇到困难以及解决问题时，是怎样克服和应对的。

避免“羚羊思维”

“未来五年内，你要达到什么目标？”如果有人问你这个问题，你会怎么回答？也许你会说：“呃，这个问题我还没有想过。”如果你这样回答的话，那你的未来可真是让人堪忧啊！也许有人说：“顺其自然好了，毕竟‘命里有时终须有，命里无时莫强求’。”这种思想表面上看去，似乎是乐观的，但是从另外一个角度来看，这种思想又何尝不是一种消极思想呢？

为了避免在人生路上少走弯路，达到你的目标，就要尽量避免“羚羊思维”。那么，什么是“羚羊思维”呢？

一日凌晨，美国心理学家考克斯和约翰要乘热气球进行一次飞行，飞行目标是穿越伦吉提大平原。伦吉提大平原上风景优美，时不时可以看到大象、狮子和大群羚羊。他们的随行导游是个非洲人，他告诉大家：“羚羊的数量巨大，这真是一件大好事呀！不然，羚羊估计得灭绝了呢！”

考克斯不明白导游为什么这么说，导游指了指不远处一只羚羊，那只羚羊本来在奔跑，但是不知道什么原因，现在它停

下来了。导游说道："你们看，它本来在快速奔跑，可是现在停下来了，甚至有时候它们还会忘记了天敌的存在，不自觉地靠向天敌，早就忘记了自己刚刚还因为天敌的追赶而惊慌失措。如果不是这个物种数量巨大，早就被狮子给消灭干净了。"

当时，考克斯在热气球上听了导游的话哈哈大笑，嘲笑那些蠢笨的羚羊。忽然，他产生了一个很奇怪的念头——自己所在的商业界不是也存在同样的现象吗?

一些人的确为自己设立了目标，并且也曾经为实现目标而努力，只是努力的时间太短了，一天、半天、有的甚至只有半小时。只是这短暂的时间过后，他们发现自己没有达到目标，就对自己说："咳，这比我想象中难太多了。"然后，他们就站在那里不再前进。这种"羚羊思维"牵绊了人前进的步伐。

如果你已经确定了目标，就一定要坚持不懈地努力，朝着既定目标前进，不要在前进的时候停滞不前。每天晚上，在你闭上眼睛睡觉之前，想一下你今天做了些什么，离自己的目标还有多远，如果今天没有进步，那么明天你一定要让自己多走一步哦!

总有一天会成为老板

人生的悲剧是不知道自己的目标是什么，而不是无法实现自己的目标。成功不是因为你在哪里，而是因为你朝着哪个方向走，能不能坚持下去。如果没有正确的目标，那就永远没办法成功。

在很多年以前，在纽约的一套廉价公寓里住着两个年轻人。一个年幼无知，天天抱着幻想的来自密苏里州的乡下穷少年；另一个也是来自农村的少年，他叫惠特尼，家是马萨诸塞州，家庭贫困，但他坚信自己能成为大公司的老板。

在纽约，惠特尼的第一份工作就是超市店员。每天他都特别勤快，还经常帮别人干活儿，尽管别人不会感激他，也不会给他钱。但时间久了，他的“勤快”得到了回报：他连连升职，从店员升为业务员，然后是部门主管、地区经理。后来，他发现在他工作的机构里总裁的亲戚太多，自己根本不可能参加高层决策，于是他果断地换了另一家公司。在这家新的公司里，人事关系比较简单，上司很欣赏他，还有意培养他，锻炼他。所以惠特尼尽可能地抓住这个机会，拼命学习，让自己掌握更多的东西。

在这蹩脚、破旧的公寓里，马萨诸塞的乡下小伙握拳发誓。“你等着看吧！在不久的将来，我一定会成为一家大公司的老板。”

迷迷糊糊的密苏里州的乡下穷少年，在他还没反应过来的时候，惠特尼已经成为橘子包装公司和蓝月乳酪公司的总裁。

惠特尼有自己的目标，清楚奋斗的方向，并且围绕着这个

方向为之努力，比如，义务加班、更换工作、学习新技能，等等，所以他的成功不是偶然的。而有些人虽然急切地想改变现状，可那是白日梦，因为他们总是随随便便找份工作，要知道，想要成功最忌讳的就是漫无目的。

一切从今天开始

安东尼·吉娜目前是美国纽约百老汇中最年轻、最负盛名的年轻演员，在美国著名的脱口秀节目《快乐说》中她曾经讲述了自己的成功之路。

几年前，吉娜还是大学里一名普通的艺术团歌剧演员。在一次校际演讲比赛中，她告诉了人们自己伟大的梦想：等大学毕业后，她先要用一年的时间去欧洲旅游，然后再去纽约百老汇中成为一名优秀的主角。

演讲比赛结束后，吉娜的心理老师就找到她，并且非常严肃地问她："你今天去百老汇和毕业后去会有什么区别？"吉娜想了想："对啊！大学的生活并不能帮助我得到百老汇的工作机会。"所以，吉娜决定在一年后就去百老汇寻求机会。然而这时，老师又突然问她："你现在去和一年后去又有什么区别？"吉娜这次想了很久，一会儿，吉娜对老师说，她要下学期去百老汇。可老师又紧跟着问："你下学期去和今天去有区别吗？”吉娜彻底蒙了，想到那个金碧辉煌的舞台和那双美丽的红舞鞋……她最后决定下个月就去百老汇。老师紧追不舍地问：“一个月后去和今天去有什么不一样吗？”这个时候的吉娜已经特别激动了，她言辞肯定地说：“好的，给我一周的时间准备一下，我马上出发。”老师还是紧跟着说：“百老汇什么生活用品都能买到，你一周后去和今天去有什么不同？”最后吉娜满含热泪地说：“好的，明天我就出发。”老师满意地点了点头，说：“我已经给你定好了明天的机票了。”

第二天，吉娜立即前往了全世界最高的艺术殿堂——美国百老汇。就在那个时候，百老汇的制片人一直在研究一部经典剧目，来自各个国家的几百名艺术家都来应征主角。当时的应聘步骤主要有两轮，第一轮是先挑出十个候选人，第二轮是让这十个人都按剧本要求演绎主角的对白，应聘的规则极为严格。

当吉娜到达纽约后，她没有急着打扮自己，而是费尽心力地从一个化妆师手里得到了一份即将要排的剧本。在之后的两天中，吉娜潜心研究，悄悄演练。等到正式面试那天，吉娜是第48个出场的，制片人问她都表演过什么，吉娜宛然一笑，说："可以让我表演一段在学校排练演的剧目吗？我只需要一分钟就好。"制片人不愿让这个充满激情的青年人失望，所以他同意了。

当吉娜表演的时候，制片人惊呆了，因为吉娜演绎的就是即将排演的剧目对白，而且吉娜表演得惟妙惟肖，感情非常的真挚。制片人立即通知工作人员结束所有面试，一定要选吉娜为主角。

此后，吉娜到纽约后没多久就穿上了她的第一双红舞鞋，成功地进入了百老汇。

生活就是这样充满着惊喜，许多人把自己的理想定得很高很高，但从来不为理想而付出努力，而吉娜有幸在老师的引导下，抛下了一切瞻望和等待，一步登上了心中的艺术殿堂。

古人曾经说过："明日复明日，明日何其多？我生待明日，万事成蹉跎！”将来的机会不会比现在多，将来的条件也不会比现在好，那么我们还在等什么呢？为什么不即刻出发呢？切记：一切从今天开始！

坚定地走下去

当你做到立即行动并持之以恒的时候，你就会成功。立即行动就是立即去做，持之以恒是坚持不懈。柏拉图成了古希腊的哲学家，爱迪生发明了电灯，诺贝尔发明了炸药……他们成功的原因就是竭尽全力去做，然后坚持到底。在我们通往成功的道路上，会有很多的挫折和困难，但只要坚持不懈地为理想而努力，那么，必将会把理想变为现实。

在1915年的夏夜，27岁的华莱士躺在蒙大拿州一处牧场的工棚里翻来覆去，他在为一个灵感纠结着，就是：他想办一本《读者文摘》，这是一本摘录报刊精华的杂志……几个月前，曾经还是韦伯出版公司图书部书记员的华莱士，因向一名主管提出了这一建议当场就被开除了，从此以后，他四处当差，甚至认为没有姑娘能看得上他。

正当华莱士打算把这个灵感实施的时候，美国对德国宣战了，他自愿应征参军，被编进了35师，并派他到了法国。

1917年9月，华莱士所在的部队奉命攻击撤退到齐格菲

防线的德军。战斗即将结束的时候，华莱士被一块儿弹片打中，被送去医院。

在医院的时候，华莱士依旧在琢磨他的办刊梦想。同时，他专门为士兵们写了一本文摘杂志，并且研究出来一条经验：将文章的篇数去除四分之一，但不影响它的精华。

华莱士回国后，他在公立图书馆待了将近半年的时间，非常兴奋地做出了一本《读者文摘》的样刊。就在这个时候，他正在追求的姑娘莉拉，答应了他的求婚，同时还夸赞他即将出版的刊物是一个“杰出的构想”。随后，华莱士和莉拉宣布结婚，并在纽约附近的快活镇租了一间酒吧的地下室创办《读者文摘》。

此后，《读者文摘》的创刊号一炮而红，发展迅猛，直到如今已经是在127个国家拥有杂志、书籍、行销和投资运营的王国了，年收入超过20亿美元。

有很多人都有可能像华莱士一样有过一些刹那间的创业灵感，但他们许多人都会认为那不符合实际，所以就轻易放弃了，而后又开始日复一日的工作。但华莱士没有放弃自己的灵感。虽然当时他并没有想到这个灵感会给他带来亿元的收入，但他始终坚持这是一个对的创业思路。他坚持去实施——实际上，能不能动手去做，并持之以恒，是成功者与不成功者的一个重要区分。

永不放弃自己的目标

在生活中遇到挫折有什么好怕的，在哪跌倒然后在哪再爬起来就好了，我们没必要为此而压抑自己太久。是时候该放轻松了，没有什么大不了的，不要计较太多，更不要患得患失，只要努力了就不要后悔，因为努力拼搏后一定会有收获！相信自己必定会成功！永远不要放弃自己的目标。

1882 年生于波士顿的梅西，年轻时出过海，开过一家小杂货铺，卖些针线。但这个铺子很快就倒闭了。一年以后，他又开了一家新的小杂货铺，但最后也倒闭了。

在美国淘金热的时候，梅西又在加利福尼亚开了一个铺子，这是一个小饭馆，他想淘金的人们肯定是要吃饭的，这个买卖必定不会赔钱，可事实是淘金的人都是一无所获，更没有钱买什么东西，所以他的铺子又倒闭了。

回到马萨诸塞州的梅西没有放弃，他又信心满满地做起了布匹服装生意，但这次他不仅仅是倒闭，甚至破产了，把钱全部赔完了。顽强的梅西又跑到新英格兰做布匹服装生意。这次他终于转运了，他灵活地把生意做到了街上商店去。第一天开张时仅仅收入了 11.08 美元，可后来，梅西成了美国百货大王。位于哈顿中心地区的梅西公司，成了世界上最大的百货商

店之一。

再让我们来看一个坚持不懈的事例。

在爱尔兰农家子弟中有一个充满进取精神的人，名叫保罗·高尔文。在他13岁时，他见好多孩子在火车站月台上卖爆米花，于是他也加入其中。但是他不知道，孩子们早已占领了地盘，对于他的到来，孩子们并不欢迎他。他们抢走了高尔文的爆米花，并将爆米花倒在了街上。

在第一次世界大战结束后，高尔文复原回家，并在威斯康星办起了一家电池公司。但是不管他如何努力，产品还是卖不出去。雪上加霜的是，有一天，当高尔文出去吃午餐的时候，他的公司被查封了，他甚至不能从里面拿出自己衣架上的大衣。

在1926年，他又重整旗鼓，与合伙人做起了收音机的生意。那时候，美国大约有3 000台收音机，预计两年后会骤增扩大100倍。可是这些收音机的电源是用电池做的。于是，他们就

想着发明一种灯丝电源整流器来替代电池。尽管这个思路很好，但产品还是卖不出去。慢慢地，生意越来越差，他们即将面临倒闭。

正在这个时候，高尔文通过邮购销售方法得到了大批客户。他手里一有了钱，就开了一家专门制造整流器和交流电真空管收音机的公司。可是不到3年，高尔文还是破产了。

进入绝境的高尔文，只剩下最后的一次机会了，那就是把收音机装进汽车里，但这里面还有很多技术上的难题需要解决。

直到1930年底，他的制造厂对外欠了374万美元。在一个周末的晚上，妻子正等着他拿钱来买食物，交房租，可他回到家后摸遍了全身只有赊来的24块钱。但是，高尔文并没有停止奋斗，经过多年的努力，高尔文终于成了富翁。他还用他的第一部汽车收音机的牌子给盖起的豪华住宅命名。

第三章

就怕止步不前，还为自己找借口

实际上，很多事并没有我们想象中那么难，我们之所以感到有些力不从心，很多时候是因为产生了畏难情绪，害怕麻烦，缺乏自信。每一件工作没开始之前，谁也不知道最后能不能成功，如果惧怕麻烦，缺乏自信，就会影响一个人能力的发挥，无形之中为自己增加了难度，导致坏的结果产生。但是在同样的条件下，如果不怕麻烦，勇敢挑战，就有可能是另外一个结果。

勤奋之人有办法，懒惰之人有理由

古希腊哲学家柏拉图曾说：“最大和最初的成功，是征服自己。最可耻和最罪过的，莫过于被自己打败。”柏拉图是在告诉我们，一个人的成败是由做事之人自己决定的，人要做自己的主宰者。下面的故事很有趣，希望你看过之后能够给你以启迪：

有三个人因为犯法被关进监狱，刑期一年，他们分别是美国人、法国人和犹太人。监狱长说：“在你们被关进监狱之前，我可以满足你们每人一个要求。”美国人说：“我要抽雪茄。”于是，他马上得到了一根雪茄。法国人骨子里就喜欢浪漫，他说：“请给我找一个美女，可以陪我度过这一年的监狱生涯。”很快，监狱长就找到了一个愿意与这个法国人共同度过监狱生涯的美女。犹太人说：“我想要一部手机。”因为他有公司，这样就可以通过手机及时了解公司的运作情况，并且管理公司了。

一年后，他们出狱了。美国人的嘴里叼着一根雪茄，这根雪茄还是一年前的那根，因为监狱长给了他雪茄，却没有给他火柴。法国人在这一年中，让美女怀孕，成了准爸爸。收获最大的是那个犹太人，他用手机遥控公司，公司在一年的时间里

净赚了几百万美元。他非常感激监狱长给他的帮助，出狱之后，他拿出一大笔钱作为报酬，送给了监狱长。

这个故事告诉我们：自己就是自己的主宰者。“我”是因，“我”也是果。如果做事态度积极，迎难而上，即便是没有成功，也会有其他的收获。如果面对困难的时候知难而退，这样消极的态度就会让一个人一事无成。总是为自己找借口开脱的人，慢慢就会养成做事懒散的习惯，这个坏习惯会让一个人把自己的前途毁掉。

有一位女大学生，刚刚从新闻专业毕业，就被一家报社录取了。这个女大学生不仅学富五车，而且口齿伶俐，反应敏捷，长相也不错。不过，这个女孩子有一个不好的习惯，那就是她做事的时候总是喜欢给自己找借口，领导都提醒过她好多次，她依然没有要改的迹象。

一次，领导安排她去国际贸易中心采访周年庆事宜，可是时间不长她就回来了。领导问她这是怎么回事，她说：“我去的路上到处都是车，堵车堵得厉害，恐怕一个小时也走不了多少路，我觉得等我到那里之后，庆典活动可能已经结束了。还有，我看到别家的记者已经赶过去了，就算是我赶过去，也没有什么意义了，所以……所以我就没去。”

领导听了之后生气地说：“难道你就只考虑到你去的路上会堵车吗？你就没有想过用其他方式赶过去吗？再说了，既然别家的记者能赶过去，为什么你就不能赶过去呢？”

女大学生的脸顿时变得通红，她争辩道："我对路况不熟悉，而且我还要带那么重的机器……"

没等她说完，领导就打断她的话，"你不用再说了。无论什么事情，都有可能会遇到这样或那样的困难，你遇到困难，不是想办法解决，而是给自己找借口。你这种思想根本就不适合在这里工作，你辞职吧！"

就这样，一个好好的前程被她自己毁掉了。

这个女大学生遇到事情不是想办法解决问题，而是给自己找借口，这才毁掉了自己美好的前程。本来她的自身条件是不错的，如果她能够用积极的态度对待工作，那么她怎么可能会被公司辞退呢？所以，她被公司辞退完全是她自己造成的。

有许多懒惰之人不愿意做事，总是给自己找各种借口：“我现在没时间，等我有时间了再来。”“这件事跟我没关系，我才不要去做呢！”“为什么没有人事先告诉我？这与我有什么关系呢？”等等。这样为自己的不作为寻找借口，逃避责任，固然可以让你一时之间保全自己，避免麻烦，但是你也会因此失去锻炼的机会，失去成功的机会，久而久之，你将会变得越来越平庸。遇到事情不要怕，有了麻烦不要怕，勇敢面对，积极主动地寻找解决问题的方法，分析问题，解决问题，才能一步一个脚印地走向成功。

思想决定态度

请看下面这个故事：

在进入一个城镇必经之路的路口，有一个年迈的老修鞋匠，他在这里已经待了几十年了。

一天，一个年轻人要进城，他看到老修鞋匠之后，就走过去礼貌地问道：“老先生，您是在这里居住吗？”“是的，年轻人。我在这里住了将近40年了。”“40年！那您在这里住的时间可真不短了！我想向您打听一下，这个地方怎么样啊？”老修鞋匠看着年轻人，问：“在我回答你这个问题之前，你先告诉我你原来居住的地方怎么样呀？”年轻人没想到老人家会这么说，他愣了一下，说道：“我原来住的那个地方，人们都很虚伪，表面看上去对你很热情的样子，其实心里不知道在想什么，在那个地方生活，让人感觉非常累。”

老人家听了之后，叹了一口气，说：“唉，原来你住的地方是那样啊！我告诉你，这里比你原来住的地方更糟糕。”年轻人听了感到很吃惊，他什么也没有说，立刻转身回去了。

一个月之后，另外一个年轻人来到这里，问了老修鞋匠同样的问题。老人家也问了他和上一个年轻人一样的问题。这个年轻人回答说：“我原来居住的地方，人们非常朴实，他们乐于助人，无论谁有了困难，其他人都会伸出援助之手。我是因为工作原因，不得已才离开那里的。”

老人家听了，笑眯眯地说：“放心吧！年轻人。这里的人跟你原来那里的人一样善良，我相信你在这里居住肯定会非常幸福，欢迎你的到来。”

两个年轻人问了老修鞋匠同样的问题，可是老修鞋匠却给出了两个完全相反的答案。第一个年轻人的回答让我们看出，无论他在什么地方生活，他看到的都是虚伪；而第二个年轻人的回答让我们看到他的善良，所以他无论在什么地方生活，所见所感也一定是正能量的。这说明一个人的思想决定了他对环境的态度，而不是环境影响了我们的思想。比如说，一个杯子中有半杯水，悲观的人会觉得水只有半杯，水太少了。乐观的

人会觉得，不错，居然还有半杯水！这就是思想的不同带来的感受也就不同。

恐惧不能阻挡你前进

恐惧就是害怕，是人们在面临危险时所产生的担惊受怕的一种情绪体现。人们为什么会产生恐惧这种情绪呢？当人们面对未知的事物时，会产生一种不确定性，影响人们对事物作出正确的判断，然后心里就会产生一种手足无措、无所适从的感觉，进而引起人们心理上的反应。

小李和小林是大学生，他们合伙开了一家西餐店。负责经费的是小林，负责管理餐厅的是小李，他们两个每人各占 50% 股份。为了把这个店经营好，两个人都非常努力，竭尽所能。几年后，餐厅的生意越来越红火了。小李想要扩大规模，开一家连锁店。小林对这个提议有些抵触情绪，他每天都沉着脸，不知道在琢磨些什么。

小李每次提出要开连锁店，小林都会找各种借口，不想扩大规模。他的反应让小李有些疑惑，他不明白为什么小林总是这种反对态度。原来，小林不懂得经营，不会管理，他担心规模变大之后，一旦小李想独立分离出去，他就没办法继续经营了。除此之外，他还担心规模变大之后，事情会越来越多，如果经营不善的话，就会造成巨大的损失。这个想法让他的心底充满了恐惧，因此，他拒绝合作伙伴的建议，拒绝扩大规模，就这样安于现状。小林的坚持让两个人的事业进步缓慢，甚至面临着停滞不前的尴尬处境。

很显然，小林的恐惧让他不能进步。如果他克服了这种恐惧，对现实条件进行客观分析，与同伴及时沟通，那他们的合作一定会有一个更大的进步。

正如上面的故事，恐惧会让一个人患得患失，事业出现停滞。有的人害怕失败，有的人害怕背叛，有的人害怕陷害，等等，总之这些人的心理负担极重，造成这种现象和心理的原因很多。要想避免恐惧，就得让自己的内心变得强大，遇到事情的时候不要害怕，积极分析问题，解决问题，人就会变得越来越自信，恐惧也会离你越来越远了。

许多年前，美国通用汽车公司有一个年轻人来面试。这个年轻人是一个新手，但他却非常自信，并且在面试的时候给助理会计留下了很深刻的印象。当时，公司就只招聘一个人，面试的时候，面试人员告诉他，这个职位不好做，很艰苦，但这些并没有吓到他，他毅然选择了这个职位。

面试过后，面试官对秘书说："知道吗？今天面试的时候，我遇到一个很特别的小伙子，他居然想要成为公司的董事长，我录取了他。"可以看出，小伙子给面试官留下的印象非常深刻。这个初生牛犊不怕虎的年轻人名字叫罗杰·史密斯，

后来，他果然在 1981 年到 1990 年成为了美国通用汽车公司的董事长。

你想，如果罗杰`史密斯是个胆小怯弱的人，当初他没有表现出自信的话，那他能在众多人之中脱颖而出，得到那个唯一的职位吗？他还能成为美国通用汽车公司的董事长吗？很显然，不能！

建立自信，打败恐惧最有效的方法就是去做你害怕的事，哪怕你失败了，不要怕，再来！从一次次失败中总结经验，消除恐惧，你才能到达成功的彼岸。为了不阻碍我们前进的脚步，那就勇敢地将拦路的恐惧和麻烦打倒吧！

不要甘于平庸

生活中你是不是曾经听到有人说："我能力有限，做不了什么大事情。"或者"那个工作比较难，我觉得自己没法胜任。"这种想法会让人变得随波逐流，碌碌一生。天才的确是有，但那都是凤毛麟角，少之又少。我们大多是平凡人，也都"能力有限"，那些说自己"能力有限"的人可以分成两种：一种是自谦的人，他觉得自己需要不断努力学习，才能不断进步。第二种是怕麻烦的人，他的确是能力有限，而且不想承担责任，没有担当，所以才会说出这样的话。任何岗位都会出人才，这就是人们经常说的"三百六十行，行行出状元"。工作单位只是给你提供了一个发展的平台，限制你发展的永远只有你自己。

张涛毕业于一家普通的中医学院，幸运的是他刚毕业就进入了一家小有名气的中医院工作。他觉得自己能力有限，而自己工作的地方人才济济，要想在这里出人头地很难。

由于张涛是刚毕业的大学生，所以院长就想让他多加锻炼，把他分到药房，希望他能够理论联系实际，尽快在药物方面有所收获。药房里药物堆积如山，张涛觉得有些手足无措，不知道该如何下手，所以变得有些颓废。每天，他只是听别人的使唤拿东西，从来不主动去工作和学习。很快半年过去了，张涛的工作没有丝毫进步。领导觉得他没有上进心，很失望，就把

他留在了药房里继续当个“打杂”的。

张涛觉得自己的工作麻烦，没有找到条理性，没有给自己以希望，干脆就破罐子破摔，亲手毁掉了自己美好的前途。

从张涛的故事中我们可以看出，一个人是否能在工作岗位上作出成绩，与你的工作岗位无关，“能力有限”这句话也不应该成为一个人做不出成绩的借口。无论一个人的能力有多大，如果敢于面对麻烦，把麻烦当成自己成长过程中的“磨刀石”，即使没有达到自己预期的目标，也依然会有很大收获。

刘勇家境贫困，没有读完高中就辍学了。他跟着老乡一起去深圳打工，他们在同一个电子厂上班。当他第一天在这里上班的时候，他就对自己说：“我一定要好好干，我要干出个样子给他们看！”刘勇仔细分析后，觉得现在最重要的是要把当下的技术掌握好。于是，他认真学习岗位知识，开始了提升能力之路。

由于他高中没毕业，文化水平较低，所以学习中遇到了很多麻烦。他没有气馁，没有放弃，而是去网上买了很多书，再不懂的话就去找厂里的老工人求教。功夫不负有心人，他终于掌握了流水线岗位操作技能，大大提高了实际操作能力。

刘勇吃苦耐劳和勇于求学的精神得到了领导的赏识，一年后，刘勇成了车间班组的组长。但刘勇没有就此停止前进的脚步，他不断学习，不断给自己充电。他虚心向前任班组组长学习，能力和业绩有了突出的表现，领导对他另眼相看，升他做车间副主任，后来成了主任、产品质检经理，他的前途一片光明。

刘勇并没有因为自己学历低而放弃努力，他迎难而上，面对麻烦不怯场，用积极的态度去面对困难，让自己不断成长，终于有了收获。他是“能力有限”，但是经过努力之后，他的能力与之前却不能再同日而语了。

再来看一个例子：

42 岁的露宝是 4 个孩子的妈妈，为了改善孩子的生活，她不得不出去工作。她没有一技之长，所以找工作的时候遇到了很多挫折，不过最后还是幸运地被一家小公司聘用为秘书。

露宝开始上班后发现，这家公司非常年轻化，不但职员年轻，而且老板的年龄也只有 21 岁。年轻人有活力，有冲劲儿，做起销售来每个人都是一把好手，只是公司的内务有些杂乱，露宝就主动承担起了这些麻烦事。

公司发展很快，规模越来越大，露宝负责的事情也越来越多，她从开始的秘书工作，到之后的负责记账、接订单、采购、打印文件，等等。繁杂的事情锻炼了露宝，她的能力得到了很大提升，成了这个公司的后勤总管。这个小公司叫微软，老板是比尔·盖茨。

露宝能力有限，可是为什么她能成为后勤总管呢？她靠的是不嫌麻烦，在麻烦中锻炼和磨砺自己，这是她成功的关键。

从这两个故事中可以看出，“能力有限”并不能成为一个

自欺欺人的理由。只要有积极的心理和态度，就可以克服麻烦，解决麻烦，你才能改变现状，改变未来。

态度决定结果

态度是人们对事物的看法，或者采取的行动，直接决定一个人的主观能动性。从态度可以看出一个人是否虚心，是否能够接受挑战，是否能在生活中锻炼自己。总而言之一句话，态度决定一个人是否能够用积极的心态去做事情。

甲、乙、丙三人是一家销售公司的员工，他们入职的时间差不多都是一年左右。一天，老板吩咐他们三个人去做同一件事：到海鲜供应商那里去调查下一批海鲜的数量、价格和质量。

甲是一个急性子。他用了不到半个小时的时间，就把老板吩咐的事情打听清楚了。原来，他打电话给那个供应商，咨询了老板吩咐的几个问题，就去向领导汇报了，领导听完他的汇报之后，没有说什么。

乙亲自跑到供应商那里，用了大约一个小时的时间，亲自咨询了海鲜的数量、价格和品质后，也去找领导汇报了。

丙是用时最长的一个，他用了三个小时才回来汇报。这是怎么回事呢？原来，他不但亲自去供应商那里咨询了所有的问题，而且还根据公司的采购需求，将这家供应商最有价值的产

品做了一个详细调查，并汇总成册。在返回公司的途中，他还去了另外两家同性质的公司了解情况，制定了最佳采购方案，真正做到了货比三家。

一年后，丙成了销售主管，而甲和乙两个人依然只是普通的销售员。

甲、乙、丙三个人最大的区别在于他们的工作态度。甲用电话咨询，虽然快捷，省去了麻烦，但是这样只是知道了表面的情况。乙相对于甲来说，是有一些进步的。他亲自去咨询，只是他没有考虑到更进一步的情况。丙不怕麻烦，不但亲自去调查，而且还多做了老板并没有交代的事情，货比三家，完美地完成了任务。也许这三个人的能力不相上下，但是他们三个人的工作态度决定了三个人的不同命运。

良好的工作态度是一个人取得成功的基础。正所谓“人一能之，己百之”。哪怕一个人能力有限，但只要肯下功夫，也会取得好成绩。相反，如果一个人能力非常强，但是他（她）却没有一个好的工作态度，那他（她）也不一定能够取得好成绩。

裔锦声是一名博士，她在毕业找工作的时候，看到了舒利文公司的招聘广告。广告上写得很明白，应聘者需要有三年以上金融专业或者银行工作经验，需要是商学院毕业，而且能开辟亚洲地区的业务。

裔锦声很清楚自己不具备广告上说的那些条件，但她还是将简历投到舒利文公司，结果是石沉大海。每天，裔锦声都要给舒利文公司人事部打电话咨询结果，却总是被委婉地拒绝了。

裔锦声最后把电话打到了舒利文公司总裁那里，她恳切地说：“虽然我不具备舒利文公司招聘广告上的条件，但是，我是一个文学博士，我心思细腻，善解人意，我能迎难而上，我能为公司带来财富，希望公司能够给我这个机会。如果我没有给公司带来利润，那么公司最多损失几个月的薪水，如果没有聘用我，也许公司会失去一个变得更强大的机会。为了表示我的诚意，我可以先不要薪水。”

打完这个电话之后，裔锦声接到了舒利文公司人事部通知她面试的电话。七次严格面试过后，她这个对金融一无所知的人打败了一百多位有着金融背景的应聘者，成功加入了舒利文公司。

后来，她问公司总裁：“您为什么选择了我呢？”

总裁说：“你让我觉得你是一个不会向困难妥协的人，我很欣赏你的态度。专业知识是可以慢慢学习的，但是不服输的工作态度却不是每个人都有的。”

五年后，裔锦声成绩突出，被公司破格提升为副总裁，成为该公司成立之后第一位外籍女性高管。

从上面的例子可以看出，积极的心态有助于解决麻烦。如果遇到麻烦就退缩，或者避重就轻，即便能力再强，也无济于事。只有树立正确的态度，进而坚决去实施，才能为推动事情的发展打下良好的基础。

迎难而上，马到成功

“我们的产品太贵了,老百姓买不起。”“客户要求太苛刻了,真是难伺候！”“我们的竞争对手太厉害了,我们打不过。”……这是一些销售人员的口头禅。言外之意，销售工作真不好做。销售工作不好做，在所难免，但是再难，我们也要坚持下去，放弃了，就等于拱手把机会让给了别人。

荷兰哲学家斯宾诺莎说过：“如果你嫌麻烦，你可以找一个理由；如果你想做，你会找一个方法。”

说到底，“不好做”是想偷懒的一种表现，是堂而皇之嫌

麻烦的理由。比如，早上闹钟响了，该起床了，但是就是不愿意起来，给自己找赖床的理由——“昨晚睡得太晚了，再睡会儿。”“外面太冷了，再暖和会儿。”……殊不知，这些理由是那么的可笑。

焦伟是一名有销售经验的员工，他曾谈成过几笔大生意，因此，深得老板的赏识。但有一次，他负责的一笔大单竟被别家公司抢走了。失去了客户，焦伟并没有反思自己，而是理直气壮地向领导解释，说那个客户与那家公司的业务员是老相识。公司领导也没再说什么。

焦伟好像从这次失败中找到了“救命稻草”，以后每逢公司派他去搞定那些难缠的客户时，他总找各种理由将任务推给别人。焦伟养成了知难而退的坏习惯，这样他是轻松了，可他的业绩却直线下滑，公司领导也不再器重他。

现实生活中像焦伟这样的人很多，他们常为自己的无能而辩解，常用‘不好做’当挡箭牌。这样的人缺乏积极向上的精神，畏惧麻烦，拈轻怕重；没有责任心，以消极的态度对待自己的工作，因此虚度年华，终生成绩平平。

可以看出，一个人一旦染上“知难而退”的坏习惯，他的激情和才智就会被埋没，那么，他也就永远与成功无缘。反之，如果一个人对生活充满着热情，富有责任感，越是困难，越有干劲儿，那么，他就已经成功了一半儿。

张贺刚参加工作时，去一家医药公司当一名普通的库管员。

由于所学专业不对口，对药品的养护以及鉴别方法知之甚少，因此，当他面对上千种药品时，脑袋顿时蒙了，不知从哪儿下手，想立即逃走。但理智告诉他不能这样做。他站在一旁，看着师傅们熟练地做着手中的工作，他被吸引住了，心想："他们能，我也能！于是，他决心向师傅们请教，尽快掌握识别药品的方法。

他每天早出晚归，一遍又一遍识记药品的名称，遇到不懂的，要么查阅资料，要么请教师傅。就这样，他很快掌握了许多关于药品的知识，同时也受到了大家的赞扬。

领导很欣赏他的工作态度和工作成绩，觉得他是个人才，就把他调到质检部，负责药品的进出。在新的岗位上，他更是兢兢业业，一丝不苟。经他检验过的药品，无一纰漏，在同行当中，获得了很高的声誉，为公司的发展作出了巨大的贡献。

专业不对口，工作不好做本是常态，一些人绕道而行。张贺没有同流，他凭借自己坚强的意志，用自己的行动，诠释了变'不好做'为'好做'的途径。我们应该向张贺学习，充分发挥自己的主观能动性，迎难而上，马到成功。

弥补自己的"短板"

如果一个木桶中间，或者底部有一个破洞，或者木桶的木板有长有短，那么这只木桶永远都不可能装满水。就是说，一

只木桶能装多少水并不取决于最长的那块木板，而是取决于那块最短的木板，这种现象就叫作“短板效应”，也叫“木桶理论”。

对一个人来讲，如果说一个人的能力就是木桶中装的水，那么能力的大小就取决于木桶中最短的那块木板，所以要想不断进步，就必须要弥补自己的“短板”。如果一个人不敢正视自己的“短板”，不思改进，就一定会落后。

杰森·基德小时候打保龄球打得不好，他担心别人会嘲笑他，就找各种各样的理由去掩盖自己的不足。

一天，杰森又为自己打不好保龄球找借口的时候，父亲毫不客气地戳穿了他的谎言，说：“打得不好并不可怕，可怕的是你不想办法解决问题，而是找各种借口去掩饰。如果你能总结经验，以后肯定会进步的。”

父亲的话给了杰森当头一棒，让他明白了自己的错误，他决定改掉这个坏毛病。从那之后，他只要发现自己的一点儿小毛病，就正视它，改掉它。他正视困难、积极改进的态度让他进步非常快，终于成了美国职业保龄球协会的顶级球员。

俗话说："金无足赤，人无完人。"每个人都有自己的"短板"，对于自己的不足之处，不要掩盖，而是去正视它，改进它，保持清醒的头脑，才能解决问题，让自己变得强大。

社会在飞速发展，竞争日益激烈，对每个人的要求也呈现出了多元化，因此，每个人在工作和生活中都会遇到短板。不要藏着，试图去掩饰什么，要坦然面对，找到不足，尽快弥补不足，这样才是正确的，才能为成功奠定坚实的基础。

姜峰毕业于一所职业中专，他在一家供电公司变电站工作。当他开始工作的时候，他发现自己理论知识不够，实际经验更是严重缺乏，就连自己的分内之事也得同事帮忙才能做好。姜峰发现了这个事实之后，就开始学习，每次遇到不懂的地方，就不厌其烦地向老员工请教。他还利用下班后的闲暇时间自学专业知识，去参加电力系统自动化专业的培训和考试。经过艰苦努力，他取得了优异的成绩，顺利通过了所有课程。

每次站里安装新设备的时候，他总是很细心地研究说明书，掌握设备运行和维修的基本资料，这为他在工作中解决实际问题打下了坚实的基础。因为他工作能力突出，所以被任命为变电站的站长，统筹全站的工作。

姜峰的故事告诉我们不要害怕麻烦，不要畏惧自己的短板，

要积极应对，弥补不足，不贪图舒适，全身心地投入到工作和生活中。直面不足，坚持一直向前，克服问题，不断修补自己的短板，能力就会不断增强，成功就会离你更进一步。

创造机会，莫再拖延

据说，有一个人得了麻风病。就在离他住所几十步之遥的地方就有一个温泉，其中的水很神奇，只要能喝上几口，他的病就会痊愈。奇怪的是，他竟甘愿在家躺十几年，也不愿走到温泉去喝水。

一位老人想弄清楚其中的缘由，便问："你为什么不去喝温泉的水来治疗你的病呢？"

麻风病人不假思索地说："我当然想治病了，但时机还没到。"

老人惊愕："看病还要等时机？"

"嗯，我担心好不容易爬过去了，温泉里的水却干了，那我不是白费力气吗？"

老人气恼了，厉声说道："你要想治病，就立刻站起来，自己走到温泉去喝水！"

麻风病人听后，眼神中充满了希望，立刻努力地站起来，一步三晃地向温泉水池挪去。终于，他喝到了温泉水。

几十步之遥，对于这个麻风病人来说，却犹如天涯海角，可见他的思想懒惰到了不可救药的地步。他所谓的理由让人听起来那么牵强附会，可笑至极。他的这一行为暴露出他的思想根源在于：惧怕风险，安于现状。

我们身边有麻风病人这样想法的人很多，他们没有一丝面对困难的勇气，从而错过了成就自己的好机会。但是很多时候，机会是争取来的，它不会主动找上门来。机会是留给那些有准备的人的。

乔子栋是某学校的一名厨师，由于家境贫困，没等初中毕业就去学厨师了。但他并没有因此而间断学习，他随身携带着一本英语课本，只要一有时间，他就开始自学。

他的学习环境非常艰苦，住在仅 4 平方米的小屋内，利用学生扔掉的磁带和资料，每天都坚持学习到深夜。他从不放过一个不会的问题，要么去问相熟的学生或老师，要么抽时间去校图书馆查阅资料。为了方便记忆，他在卧室的墙壁上贴满了英语知识。

凭着坚持不懈的学习精神，他力压群雄，以 630 分的好成绩，取得了 2001 年托福考试的第一名。

乔子栋之所以能成功，就是凭着不怕困难，敢于挑战的精神争取来的。我们已经看到，他没有优越的学习环境，更没有优秀的师资，唯一有的是不甘落后的决心。

以上两个故事告诉我们，谁也无法阻止困难的到来，但我

们可以选择对待困难的态度。要用积极的态度去面对生活中所遇到的困难 。不要患得患失，瞻前顾后，把自己禁锢起来，故步自封，阻挡自己前进的步伐，否则就体验不到成功的喜悦了。

只有坚持，才能成功

成功往往是在克服了无数次的困难之后才获得的。一些人会被困难和麻烦所吓倒，半途而废，以致前功尽弃。更有甚者，根本就不敢与困难和麻烦交锋，不战而退，他们将永远失去获得成功的机会。

欧阳俊杰大学毕业后，到某一轮胎公司做销售员。他每天跑市场，拉客户，找货源，不辞辛苦，将他的销售工作做得有声有色。仅 3 年功夫，他就晋升为了市场部高级主管。在新的岗位上，欧阳俊杰更加努力，但是，天有不测风云，因轮胎业不景气，轮胎的销售量大幅下跌，轮胎公司也不得不大规模裁员，欧阳俊杰也在裁员之中。

为公司默默奉献了近 20 年，在自己正年富力强之时，突然被裁掉了，欧阳俊杰实在没法接受这个残酷的事实。他每天躲在家里不愿出门，每当看到忙忙碌碌的人们，他就很自卑，觉得自己很没用，脾气也变得越来越暴躁，对家人动辄打骂。

很多人与欧阳俊杰一样，在一帆风顺时表现得很出色，一旦遇到困难，受到打击，便不知所措，一蹶不振。没有足够的勇气战胜困难，这样的人甘愿接受命运的摆布，他们的才能受消极因素的束缚，不能更好地发挥出来；反之，那些敢于挑战困难和挫折的人，会在困难和挫折中总结经验，为以后少走弯路，取得成功，打下了良好的基础。

经过很长时间的思想斗争，欧阳俊杰终于决心开始自己新的生活。他主动去找工作，最后被一家化妆品公司录用，干起了老本行。很快，他全身心地投入到工作当中，再加上多年的销售经验，他的业绩在同行当中名列前茅。3 年之后，欧阳俊杰凭着自己丰富的销售经验，开了一家属于自己的公司。

从欧阳俊杰的成长过程中，我们不难看出，一个人只要不放弃努力，总会有实现梦想的一天。没有谁能预测结果，但不努力，那结果只有一个——失败。无数次地跌倒，无数次站起

来，总有成功的希望。成功只青睐于那些始终坚持的人。

众所周知，每做一件事，一蹴而就几乎不可能，难免会遇到或大或小的困难。当你在去做某事之前，心里觉得有很大的压力，觉得有些力不从心。但是一旦心理障碍克服了，着手去做时，又会觉得其实事情并不是自己想象的那么难。

人生犹如海上行船，大风大浪不可避免。要想到达彼岸，就必须乘风破浪。我们要想取得成功，就必须克服种种困难，积累经验，为成功做好充足的准备。

合理安排，忙中求胜

从前，有一个善良的富人，送给一个穷人一头耕牛，希望这个穷人能利用耕牛开垦荒地，种些粮食，使生活富足起来。穷人千恩万谢，表示一定会好好干活。

春天到了，穷人套上水牛去耕地。刚开始，穷人干劲儿十足，希望能多开些荒地。可是没过几天，问题就来了，人要吃饭，牛要吃草，农具需要修理，自己忙得不可开交。消费高了，日子变得比以前更紧巴了。穷人觉得如果再这样下去，到最后怕是竹篮打水一场空。思来想去，他最后决定把耕牛归还给富人。

富人吃了一惊，忙问穷人到底是怎么回事？穷人哭丧着脸答道；“开荒的成本很高，我吃得多，牛吃得也多；要喂牛，又要种地，还要加班修理农具，这些活儿我一个人实在是忙不过来。”

富人听后，不知道说什么好。

故事中的穷人之所以受穷，与他这种嫌苦怕累的性格有直接关系。他只看到富人富有，却不知道富人之所以富有的原因，还给自己的懒散、不作为找了各种借口。

我们身边也不乏这样的“穷人”。平时正事不多，闲事不少。生活中忙得顾不上洗衣做饭，顾不上照管孩子；工作中挑肥捡瘦，不愿做本职以外的任何工作。事实果真如他们所说的‘很忙’吗？

生活中有一些人确实非常忙，忙到废寝忘食的地步。而大多人的情况并非如此，好多人说‘忙’只是一个托词，他们不愿担负更多的工作，担负更多的责任，而是想要避免更多的麻烦。

其实，还有一种确实很忙的现象存在，这些人之所以‘忙’，并不是工作繁重所致，而是因为不懂得合理安排时间，不讲究工作效率所致。

以上这几种‘忙人’，都很难走进成功的殿堂。而那些积极向上的人，再忙也不会给自己找借口。这些人反而喜欢忙起来，只有忙起来生活才有意义，才过得充实；只有忙起来，自己距离成功才会越来越近。

家家常用的电灯，几经更新换代，越来越节能。我们使用起来非常简单，但它的发明，是美国科学家爱迪生经过无数次

的失败之后，才得以成功的。

在电灯之前有一种电弧灯。电弧灯光线刺眼，耗电量大，而且使用寿命短，实用性差。为了消除电弧灯的缺点，让人们能用上廉价的电灯，爱迪生潜心投入到了大量的实验当中。他选用了多种金属材料做灯丝，可不是光线太刺眼，就是一通电就断。他废寝忘食，经常工作到深夜。

经过 1 600 次的失败，爱迪生并没有灰心，他仍然坚持寻找合适的灯丝，坚持做实验。当试验了 6 000 多种材料后，终于发现，用碳化棉线做灯丝，电灯足足亮了 45 个小时，灯丝才被烧断。

爱迪生看到了希望，对自己更有信心了。最后决定用钨丝做灯丝，这大大延长了电灯的使用寿命。第一批灯泡被用在一艘科学考察船上，以后，逐渐应用到寻常百姓家。

爱迪生的‘忙’，才是真正意义上的忙。但他并没有因‘忙’和失败而后退半步。也正是因为他的这种坚持不懈的精神，千家万户才得以早日用上了电灯。

像爱迪生这样的成功者绝不会以‘忙’为借口，而拒绝担负工作，承担责任，更不会因此停止前进的步伐。相反，他们会主动给自己施压，主动给自己找麻烦，让自己忙碌起来。

朋友们，我们不要再坐享其成，向爱迪生学习，找点儿有意义的事去做吧，也不枉来世上走一遭！当我们年老时，不会因虚度年华而悔恨，也不会因碌碌无为而羞愧！

怎样解决，才是问题

自出现文明以来，人类社会发生了翻天覆地的变化，同时也遭受了各种苦难，曲曲折折才走到今天。在人类进步，社会发展中，遇到过数不清的艰难险阻，但是并没有阻止人类发展的脚步。这说明人类作为万物之灵，绝不放弃，永不言败。

工作和生活中不存在解决不了的问题，只存在甘于失败，向困难低头的人。只要不怕困难，勇敢地面对，再大的困难也会给我们让路；如果下决心去解决困难，我们总会有胜利的那一天。

甲和乙两个实力相当的制鞋公司，为了争夺销售市场，各自派考察人员远赴太平洋的一个岛国进行市场前期考察。

甲公司的两个考察员几经周折终于来到了这个在地图上都难找到的岛国。他们意外地发现，这里简直就是一个“世外桃源”，居民几乎不与外界联系，大多数人从来没有离开过这个岛，祖辈以打鱼为生。最令他们失望的是，这里的人衣着简陋，而且全都光着脚。

看到这种情景，两个人心里泛起了嘀咕。随便打听了几个居民，就草草得出结论：“这里的居民根本没有穿鞋的习惯，也不讲究鞋的样式。”

甲公司的两个考察员彻底绝望了。在他们看来，向根本不喜欢穿鞋的人推销鞋子，几乎是天方夜谭，犹如盲人点灯。他们再也没有信心待下去了。回来见到领导唉声叹气地说：“那里的人们不穿鞋，根本没什么销售市场可言！”

甲公司的两个考察人员只看到了表面现象，没有对市场做深入地了解，没有积极地想办法引起人们对鞋子的兴趣，从而打开销路，开拓市场。正因为他们的无知使公司失去了一个偌大的市场，使自己错过了一次成功的机会。

乙公司的考察员与甲公司的考察人员接踵而至。他们的所见所闻大致相同，但是态度却截然相反。在乙公司的考察员看来，这里的居民不穿鞋，是因为他们没见过鞋，更不知道穿鞋的好处，等他们知道了，肯定会有大量的需求。这真是一个绝好的机会，一个充满美好前景的市场。经过一段时间的宣传，他们说服了岛上的居民，开拓了市场，打开了销路。于是，乙公司的人员带着喜讯回去复命。

乙公司按照考察员的要求，制作了一批符合岛上居民习惯

的鞋子，很快销售一空。接着一批一批地生产着……

对于同一件事，不同的人，最终所得的结论大相径庭。甲公司的考察人员只看到了问题的表象，并没有透过现象看到本质；而乙公司的考察人员发现问题之后，积极主动地寻找解决问题的办法，而不是知难而退。两者相比，谁胜谁败，不言而喻。

由此看来，问题再难，其本身也不是问题；怎样去应对、解决问题才是真正的问题所在。

第四章

懒汉最不想努力

好逸恶劳、不思进取的人都希望日子一成不变，这样他们就可以不动脑筋，慵懒而机械地过着呆板的日子。这种人似乎与世无争，他们使整个单位上上下下充满了堕落的气氛，在这样的单位里，成功的概率几乎为零。

快乐的来源就是自律

境由心生。先来听一个传说。

有一个农民听说有个地方的人想卖地，就决定到那里询问一下。结果那个地方的人告诉他说："只要交上一千两银子，就给你一天的时间，从太阳升起算起，直到太阳落下，你能用步子圈的所有土地都是你的，但是如果不能回到起点，你将得不到一寸土地。"那个农民就和当地人签订了合约。太阳刚一露面他就大步向前疾走，直到太阳快要下山了才往回赶，最后他的力气已经耗尽，倒地死去。

这个故事给人很多想象的空间，令人浮想联翩：人的一生诱惑很多，如果放任自己，任由欲望如出笼的野鸟漫无边际，其结果只能导致人的毁灭。人不能做欲望的奴隶，而是要做欲望的主人。人的欲望与现实之间的鸿沟永远无法逾越，因为人的贪欲永远也得不到满足。

苏联教育家马卡连柯曾经说过："人类欲望本身并没有贪欲，如果一个人从烟雾弥漫的城市里来到一个松树林里，吸到清新的空气，非常高兴，谁也不会说他消耗氧气是过于贪婪。贪婪是从一个人的需要和另一个人的需要发生冲突开始的。是由于必须用武力、狡诈、盗窃等手段，从邻人手中把快乐和满足夺过来而产生的。"一个家庭贫困的人，也许只需少量物品

来解决基本的衣食温饱，就感到心满意足；而一个挥霍无度的人，即使穷尽家财去挥霍，也依然不会得到满足。经不起诱惑，控制不住自己欲望的人，每天都生活在郁闷之中。他们总是寄希望于天上掉馅儿饼，这是不可能的！

有个故事叫“魔鬼与佛”：

有个名画家想画佛和魔鬼，但是脑子里怎么也想象不出他们的样子。一个偶然的机会，他在寺院无意中发现了一个有特殊气质的和尚，于是向和尚承诺要重金酬谢，条件是他给画家做一回模特。后来，画家的作品完成并轰动了当地，成为当时一大新闻。画家也很激动地说：“那是我画过的最满意的一幅画，因为给我做模特的那个人让人看了一定认为他就是佛，他身上的那种清明安详的气质可以感动每一个人。”画家最后给了那位和尚很多钱，兑现了他的诺言。

过了一段时间，他准备着手画魔鬼了。可到哪里去找魔鬼的原形呢？他找了很多外貌凶狠的人，但没有一个是符合自己挑选标准的。最后，他终于在监狱中找到了。画家面对那个犯人的时候，那个犯人突然在他面前失声痛哭。

画家奇怪极了。那个犯人说：“为什么你上次画佛的时候找的是我，现在画魔鬼的时候找的还是我！自从我得到你给我的那笔钱以后，就去花天酒地、寻欢作乐。后来钱花光了，而我却习惯了那样的生活，欲望已经一发不可收拾，于是我就抢别人的钱，还杀了人，只要能得到钱，什么样的坏事我都敢做，

结果就成了今天这个样子。”

人，一旦堕入“追逐物欲”的陷阱中，就很容易迷失自己，想要抽身出来就成了很困难的事。所以人性不能和贪念走在一起。快乐，是奋斗出来的。

放纵最容易光顾年轻人

为什么这么说呢？原因很简单，因为年轻人缺乏社会经验，对于大千世界、滚滚红尘的诱惑不能有效抵制，很容易在诱惑中迷失自己。

小李是一个富裕家庭的独生子，受到父母、爷爷奶奶的极度爱护，养成了自私自利任性的性格。中专毕业后，别人都忙

于找工作，而他在父母的安排之下进入了一家银行上班。也许是嫌银行工作压力大，自己吃不得这个苦，小李就从银行这个人人羡慕的单位辞职了。

辞职以后，小李过上了快活的日子。慢慢地小李身边就有了一帮狐朋狗友。

有一天，几个人在酒吧里喝酒。一个朋友拿出了一颗蓝色的药丸放进嘴里，没过几分钟，就跟随酒吧里的音乐节奏开始晃起了脑袋，看上去似乎很舒服的样子，这令小李非常向往。在小李的强烈要求之下，朋友从裤兜里掏出一颗同样的“蓝色小精灵”丸子递给小李。小李放进嘴里后，感觉有点儿苦，但几分钟之后小李不由自主地随着音乐疯狂地摇起脑袋。很明显，小李是在吸食毒品摇头丸，并且欲罢不能。久而久之家庭也由此逐渐衰落，债主不断上门讨债。小李有一次在毒品交易时被便衣警察逮了个正着，锒铛入狱。所以，不加节制的放纵，害了小李的一生。

人生会面对很多诱惑，比如，金钱、钻石、黄金等这些稀缺的东西，在诱惑面前，我们该怎么办呢？关键就在于人是不是能控制住自己。内心的欲望就是我们最大的敌人。如果能控制住自己内心的欲望，你就是个了不起的人。

事实上，从古到今，真正能控制自己做到两袖清风的人，很少很少。倒是放纵自己，毁掉自己的，很多很多。

问题来了，什么叫作纵容自己？

1. 四体不勤

有的人四体不勤，五谷不分。跟这种人谈勤劳，简直就是对牛弹琴。还有一种人对长期枯燥乏味的工作容易感到厌倦，并在内心产生强烈的抵触情绪，从而在工作中表现得拖沓懒散。

2. 无视自身毛病

人非圣贤，孰能无过？每个人既有优点，也有缺点。有的缺点是从娘胎里带来的，无法改变。但是一些后天由于对自己要求不严而形成的，如好色、好吃懒做等坏的毛病，就需要加以克制。不加以克制，则后患无穷。

3. 人无压力轻飘飘

舒服休闲的日子谁不想过？但要注意的是，舒服休闲是一把双刃剑。舒服休闲的同时，也使人忘记生活的压力和风险。古语云：未雨绸缪。就是提醒我们要主动给自己加压。

4. 欲壑难填

每个人都有欲望。适当的欲望能激励人奋勇前进，砥砺前行。如果放纵自己的欲望，超过了度的把握，将会使人陷入偏执，失去理性，以至于进入万劫不复的境地。

5. 滥情

情，是最琢磨不透的东西。人的喜怒哀乐，如影随形，无时无刻不在影响着自己。喜，会使周围的人都感到身心快乐；怒，则如一把锋利的匕首，寒光森森，极易伤人，并使人敬而远之。如此一来，你又会因为感到别人对你的冷漠，自己就开始自甘堕落，怨天尤人。

死于安乐

有一个很形象的比喻：心理学家把岸边、潜水区、深水区比作对人类认识的外部世界的划分。其中享乐区域就是“岸边”。

怎么来理解呢？

如果你是“旱鸭子”，待在岸上就会觉得非常安全。如果你往浅水区走，内心的不安全感就会油然而生。每走一步，恐惧就增加一分。这是人的天性。享乐的人群有好几类：一是对现实不满，满腹牢骚却又不敢向老板提出辞职的人；二是憧憬精彩世界，却又不愿意踏出家门一步的年轻人；三是希望自己减肥却又不肯跑步、不肯运动的人。这三种人陷入抱怨、闭塞和漩涡之中，特别烦恼。

爱默生说过：“舒适的软垫使人容易睡着。”这话很有道理。道理说起来很简单，可是在我们的身边，就有人认为工作要清闲，一杯茶，一根烟，快活似神仙。他们贪吃贪睡，每日白天黑夜颠倒，放纵自我。但实际上，就在灯红酒绿、呼呼沉睡之时，祸不知不觉地就来了。等到发现的时候，已经晚了。

相传有这么一个寓言故事：

有一天，鸡与鸟在天上飞翔。鸡看到农夫院子里有很多谷物可以吃，鸡就对鸟说：“算了吧，我们就在这儿住下来吧，每天到外面觅食多辛苦啊！”而鸟却不同意：“外面觅食虽然辛苦，但是很自由，可以借此开阔眼界，欣赏美丽的风光，呼吸新鲜的空气。”

道不同，不相为谋。鸡与鸟从此你走你的阳关道，我过我的独木桥。年复一年，日复一日，鸡在农民家里，每天吃饱喝足，吃了睡，睡了吃，过着悠闲安逸的生活。吃得多，动得少，越来越胖，越来越笨重，慢慢就丢失了飞翔的本领。

有一天，鸡被农夫家的狗欺负，被狗追着跑，拼命挣扎着想飞，但是有心无力，勉强飞上半米高，就又掉下来，重重地摔在地上。这时，鸡看到小鸟在天上自由地飞过，心里懊悔极了，等到过年的时候，肥鸡就被农夫宰了炖鸡汤。

另外还有一个故事：

有个在寺院禅房中做杂活儿的小和尚总是埋怨日子太苦，每天挑水、洗菜、做饭、擦地，要干的活儿一大堆。抱怨得多了，难免被师父听到。

一天，师父把他带到了禅房中，给他讲了个故事。

有个男人死后被鬼差带到了地狱，见到这里的人生活很安逸，于是满心欢喜地想：“这里太好了。我生前过得太辛苦了，死后终于可以歇歇，好好享受生活了。”

鬼差看穿了他的心思，语带讥讽地说：“我提醒你，这里是地狱。在这里你再也不用干任何活儿了。过段时间你就会明白，这才是真正的折磨。”

男人根本不相信鬼差所说的话，心想：“顿顿都是美味珍馐，

享用不尽；想什么时候睡觉就什么时候睡觉，想睡多久就睡多久。怎么能是地狱呢？这不都是我生前拼命想要的生活吗？早知道如此，我还不如早点儿死了呢！”

起初，这样的生活的确使他有了一种快活似神仙的感觉。可日子长了，心里就觉得空落落的，特别难受，在这里待的时间越长，这个难受的感觉就越强烈。终于有一天，男人忍受不了了，找到鬼差请求道：“每天吃了睡，睡了吃，什么都不干，这和猪有什么区别呢？您能不能分配给我一份工作，苦点儿累点儿都没关系，只要别让我再过这样的生活就行了。”鬼差冷哼了一声，说：“这里什么都有，就是没有工作！”男人没法，只得怏怏不乐地回去。又过了一段时间，男人觉得心里有无尽的空虚和寂寞，只得又找到鬼差，央求道：“我在这里实在过不下去了，如果实在没办法，求您让我下地狱吧！起码也比现

在这样好过。”鬼差回答：“你来的第一天，我就曾告诉过你这里就是地狱，可你当初一心只觉得这里是天堂，愚蠢！”

故事讲完了，小和尚向师父一拜，说：“谢谢师父点拨，弟子心中已经明白了，以后再也不会抱怨太苦太累了。”

适当的休闲与安逸是必须的，但假如超过了一定的度，沉迷于享乐，乃至于难以自拔，便会招来人生的失败，真正是“生于忧患，死于安乐”啊！无所事事的生活，也能成为惩罚人的利器；有张有弛，才是快乐生活之道。

种瓜得瓜，种豆得豆

在工作中，我们经常听到有人抱怨：“我已经尽力了，真的尽力了。但是效果这么差，我能怎么办？换作别人也好不到哪儿去。”“客户太刁钻，太蛮不讲理。我已经按照领导的要求去做了。但客户还是不满意。我也没办法。”诸如此类……先听一个小故事吧！

为了和对象在一起生活，小王随他来到青岛。经表哥的朋友介绍，小王来到一家外贸公司工作。表哥朋友和这家公司老板又是同学关系，因此，刚开始让小王干跟单员，并安排个师傅教小王。三个月过后又让小王去工厂跟了一段时间的单子，效果还是不明显，师傅就跟经理汇报了。毕竟还有老板与小王

的这一层关系罩着呢！所以经理就让小王干内勤，负责出口报关数量的整理及商检，订舱，公司与客户与工厂之间的收发件整理，等等。这么多事情都需要小王去做，常常弄得小王焦头烂额。中午最忙的时候两三点才能吃上饭。每天不下50个联系电话。而其他人都是悠闲地在偷菜或是玩淘宝，但就这样小王还常常挨领导的批评。小王感觉干的事情多了，出错的概率就多了，领导批评的也就多了，总是感觉吃力不讨好，身心疲惫。

这是日常生活中一个常见的案例。那么出现这种情况到底是什么原因呢？

第一个原因主要是小王的来历。小王来公司有着令人羡慕的优越背景或者后台。小王的表哥和老板是同学，又是好哥们儿，得天独厚的条件有可能让同事羡慕嫉妒恨；第二个原因是办公室政治。职场没有永远的朋友，只有永恒的利益。为了蝇头小利，有些人翻别人的抽屉，擅自打开别人的电脑，偷窥别人的隐私，并把事情添油加醋，恨不得传遍全世界。更有甚者捏造事实，到领导跟前打小报告，恶意中伤，人前一套，人后一套。所以尽管小王累死累活，但依然得不到大家的欢迎。那遇到这种情况，应该采取怎样的措施来避免呢？

首先要切记，工作只是一个平台。人要借助这个平台学会做人，这才是万全之策。小王没有看到这一点。她只是觉得表哥和老板是同学，自己要好好工作，作出表率，这样，一对得起表哥，二不给老板添麻烦。小王的心地是好的，是善良的。

可是好坏的标准是什么？依据是什么？依据的是众人的嘴，是老板的嘴，人言可畏！不然干得再好也会受排挤。所以，我认为我们每一个人在自己的工作岗位上一定要团结好别人，建立良好的人际关系。

李一男，湖南长沙人，出生于1970年6月。1985年，当李一男刚满15岁时，就被华中科技大学（现华中理工大学）第一批少年班录取，曾因此而被人称作“小天才”。1992年，李一男到华为实习。1993年6月，李一男从华中科技大学电信系少年班毕业后即入职华为。由于业务能力十分突出，当时任正非特别赏识他，于是才过了两天，他就被升职为工程师。两周后，又因为李一男解决了一项技术上的难题，被升职为高级工程师。半年后，因为李一男在工作上十分出色，而被提拔为华为中央研究部的副总经理。两年后，李一男主持研发了C&C08万门数字程控交换机，帮助华为在与上海贝尔激烈的竞争中一战成名而再被提拔为华为中央研究部的总裁以及华为的总工程师。27岁时，他就当上了华为的副总裁，也是最年轻的副总裁。

有人说，李一男是个技术天才，他当年要是不从华为出来，说不定到今天他在事业上达到的高度远比他出来创业强得多。再看看在华为担任消费者BGCEO的余承东，就真让人替他感到惋惜。

也有人说，李一男虽然能力出众，但他确实对不起自己的

老东家——华为。更何况，当他决定离开华为北上创业时，任正非既舍不得他，又给了他那么大的帮助。

还有人说，李一男对企业几乎没有什么忠诚度可言，这导致了他的人生起起伏伏。他不是输给了任正非，而是输给了自己的性格。我想，这第三种分析应该是对的。

超越自我，放飞心情

人的一生很不容易。归根到底是因为我们总是受到形形色色东西的束缚，比如金钱、地位、权力、财富、法律、规矩，等等。人从一出生就开始了与命运的抗争，与疾病、风雨、寒冷、饥饿等等做抗争，活出了生命的价值和精彩。相反，没有生活的压力，生命变得无足轻重，生活也变得缺少意义和价值。

真的，我们从童年开始就希望早日脱离父母，放飞自己，于是我们经常玩儿得昏天黑地而忘了回家。当我们毕业之后进入了社会,却又发现被无处不在的人或者看不见的规则所束缚，让我们疲倦不已。

中国的乒乓球队总教练刘国梁，是中国第一个在世乒赛、世界杯和奥运会上实现男单“大满贯”的运动员。孔令辉这样评价他：“他很有创意，很多人发现不了的问题，他都会说得很清楚。他平时就特别善于观察别人，也善于总结。不仅是对主力队员，对年轻队员他也都很了解，能把他们的特长、弱点说得很清楚。”

人们总以为中国乒乓球队天生就会赢，却很少有人知道总教练刘国梁背后的艰辛。他 6 岁开始学打乒乓球到成为中国第一个“大满贯”得主，刘国梁的乒乓之路步步辉煌，却也步步维艰。在完成职业生涯“大满贯”的那一天，刘国梁也遭遇了兴奋剂检查超标的挫折。他剃发明志，终于迎来半年后的沉冤得雪。

从球员到教练，刘国梁也并非一帆风顺。曾经因为指导的球员比赛失利而被质疑只会做球员，不会做教练。但他从未怀疑过自己，以绝对的自信和实力成功完成了从金牌球员到王牌教练的转变。

有记者问刘国梁：“如果让你当男乒主教练，你敢接吗？敢当吗？”

刘国梁自信地说：“为什么不敢呢？我当教练等的就是这一天，等待着迎接这个挑战。”在刘国梁20岁时，他只需要考虑如何赢得比赛。当他迈入40岁时，他要考虑的不仅是如何赢，还有如何共赢。

2017年日本乒乓球队获得世青赛的男团和女团世界冠军，使中国乒乓球迷大为震惊。这让很多乒乓球迷担心。4年后的2020年东京奥运会，中国队能保住奥运金牌吗？

其实，刘国梁早就把日本乒乓球当作伦敦奥运会上的最大对手了，并且在里约奥运会后和国乒教练们开过两次会议研究对策，并就下一个奥运周期的备战内容作了部署。

他曾表示：“2020年日本队是中国最主要的对手，不管是男队还是女队。”并向所有人保证，“大家放心，我们也没闲着。”刘国梁面对日本选手水谷隼嚣张庆祝之后，就向队员们说了一句霸气无比的话：“就别让他们活。”

刘国梁自己能跳出挫折的束缚,欣然地教女儿打高尔夫球。刘国梁曾经说过：“不但要教会孩子怎么去赢，更要教会孩子如何去面对失败。只有输得起的人，才能真正强大并且在成功的路上走得远。今天也是1999年我拿‘大满贯’18周年纪念日，更难忘里约奥运会那个完美的夏天，有那么多人跟我们一起回忆，一路追随。真好！”

对于张继科，刘国梁劝他当心“大满贯”昙花一现；在张继科受到挫折迷茫的时候，刘国梁说他是“一只迷失的藏獒”。

人生之路是坎坷的，没有谁能保证自己这一生永远风平浪静。人，只有正确面对挫折和束缚，勇于超越，才能发现自己原来这么强大，生活原来如此丰富多彩！

生于忧患，死于安乐

太阳每天从东方升起，西方落下。万事万物沐浴着太阳的光辉，享受着太阳的恩赐。很多人非常勤奋，忙于工作。但也有那么一部分人喜欢安逸，安于现状。

张敏在一家国内知名的物流公司上班，是这家物流公司的华东区经理。但是在今年的国庆期间，物流公司的大货车在高速公路上由于追尾发生侧翻，导致两死一伤的重大伤亡事故。

这起车祸直接引起高速公路的堵塞，高速公路上排起了长长的车龙。

张敏知道这件事情非常棘手。根据公司的内部分工和突发事故的处理流程，这件事情张敏必须出面。但是张敏深知稍有不慎，满盘皆输的道理。为避免惹祸上身，犹豫再三的他向公司递交了病假条。

物流公司没办法，只好委派总公司办公室王主任出面。尽管王主任使尽了浑身解数，公司最后还是进行了巨额的赔偿，付出了惨重的代价

这件事情本该华东区经理张敏出面，但是他选择了逃避责任。这种关键时刻的明哲保身的处世哲学真的就行得通吗？我看未必。

作为办公室主任，王主任巧妙周旋，上下奔波，从交警队到死难者家属，从保险公司到律师事务所请律师，王主任最后终于把事件的影响缩小到了最小的范围内。尽管公司在经济上付出了很大一笔钱，但是公司的品牌形象没有受到丝毫损失。

公司在这件事情善后结束时召开了紧急会议。会议的主题只有一个，那就是张敏的去留问题。最后大家经过激烈的讨论之后，一致同意剥夺张敏华东区经理的职位，并予以开除，同时处于高额罚金。与此同时，委任公司总部办公室王主任接替张敏担任华东区经理职位。张敏在关键时刻为了明哲保身，置公司利益于不顾，最终落得个一无所有的下场。没有集体利益就不会有个人利益，不是这个道理吗！

幼儿园里有许多小动物正在上体育课。小狗和小猫在踢足球，小松鼠在滑滑梯。小马和小象在玩跷跷板。小狐狸呢？它呀，在跳跳绳。小狐狸突然惊呼一声："跳绳断了。这可怎么办呀？"小狐狸眨了眨眼睛，有了！小狐狸拿着跳绳到了教室。它找来胶水，把跳绳断的部分粘起来，这样跳绳看上去就和新的一样了。小狐狸回到操场，看到小猪在睡觉，"小猪，小猪，别睡了，我们来跳绳吧！"小猪接过绳子，还没跳几下，跳绳就断了，"哎呀呀，你弄断了跳绳。"小狐狸指着断绳子说。

小猪慌了，不知道该怎么办。小狐狸说：“不要慌，看我的。”他们找到胶水把跳绳粘好了。

小狐狸和小猪回到操场，看到小白兔在踢毽子，“小白兔别踢啦，我们来跳绳吧！”小猪喊道。小白兔接过跳绳开始跳，可是没跳几下跳绳就断了。“哎呀呀，你弄断了跳绳。”小狐狸和小猪指着断的绳子喊道。喊声引来了河马老师。河马老师说：“绳子是新的，谁弄断谁就要赔。”小白兔又着急又伤心，“妈妈生病了，我拿不出来钱来赔。”

小猪听了很难过，就悄悄地找到河马老师，说：“老师，绳子是我弄断的，小白兔不知道，我来赔钱吧！”小狐狸也来找河马老师了，“老师，其实绳子是我弄断的，小猪和小白兔都被我骗了，我不是好孩子。”河马老师摸了摸小狐狸的头说：“做了错事不要紧，重要的是知错就改，敢于承认错误，还是很棒的。”小狐狸不好意思地笑了。

生活就像万花筒，异彩纷呈，有阳光，有阴霾，有狂风，有暴雨。世界没有绝对的好，也没有绝对的坏。一切取决于我们如何看待生活发生的一切。

贪图享受，安于现状，这样的人在人生道路上会越走越窄，也体会不到人生的价值和意义。只有那些不畏艰苦、勇敢攀登、砥砺前行的勇士，才会真正实现人生的价值，成为对社会、对国家有用的人。世上有快乐，就有忧愁。人的一生不可能一帆风顺，而是充满了坎坷。如果我们不采取积极的态度，努力进

取，那么我们就会陷入埋怨的泥潭，整天怨天尤人，心情压抑。

我们为什么会这么抱怨呢？是因为我们夸大了生活中的困难：工作不如意，工资不够高，房价太贵买不起，环境脏乱差，天气不好，等等，让我们抱怨的理由总是很多。我们抱怨的对象从天到地，从国内到国外，方方面面，林林总总。

在最近一次从苏黎世到纽约的飞行途中，我和一位投资商相邻而坐。随着交谈的深入，我得知，他在投资一家规模很小的科技公司时投入了很多资金，却收益甚少。他告诉我，他被那家科技公司的老板气得要吐血了，在整个飞行过程中，他没完没了地抱怨着，并说已经心烦意乱好多个月了。

事实上，坐在我身边的这个男人，是一位拥有数百万美元的富翁，在瑞士有一栋富丽堂皇的高档别墅，有一位贤淑而美丽的妻子，有3个可爱的孩子。这种人的幸福指数高得足以

羡煞世人。

其实，我们绝大多数人都会有过类似的经历。一件事情，或一个人就能令我们长时间地烦恼，而不能自拔。特别是当那个令我们烦恼的人还是一个不会体谅别人，不懂得领情，不会自省的人的时候，情况就会更加糟糕。

有一则古老的寓言，或许可以给我们一些启示。

有一个年轻农夫，划着小船，给另一个村子居民运送自家的农产品。那天的天气酷热难耐，农夫汗流浃背，苦不堪言。他心急火燎地划着小船，希望赶紧完成运送任务，以便在天黑之前能返回家中。突然，农夫发现，前面另外一只小船，迎面向自己快速驶来，似乎是有意要撞翻农夫的小船。

“让开，快点儿让开！你这个白痴！”农夫大声地向对面的船吼叫道，“再不让开你就要撞上我了！”但农夫的吼叫完全无效，尽管农夫手忙脚乱地企图让开水道，但为时已晚，那只船还是重重地撞上了他的小船。

农夫被激怒了，他厉声斥责道：“你会不会驾船！这么宽的河面，你竟然撞到了我的船上？！”当农夫怒目审视对方小船时，他吃惊地发现，小船上空无一人。

在多数情况下，当你责难、怒吼的时候，你的听众或许只是一艘空船。那个一再惹怒你的人，决不会因为你的斥责而改变他的航向。当然，你完全不必转而去讨好这个人。无论你为此多么愤怒，他是不会为你而失眠的。如果因为他的过错而使

你陷入无尽的烦闷悲伤之中，你就成了唯一的一个受到伤害的人。而且，是你自己在用别人的错误惩罚自己，是你自己在强化这种伤害的深度。

我提醒我的邻座乘客，他的责备从更深一层理解，其实是在责备自己用人不察，从而在此次投资项目上，作出了一个错误的决定。经过认真思考之后，他认同了我的看法。“这次确实是我决策失误。这么多天来，最让我恼怒的人，其实是我自己。”但是，恼恨自己，于事无补。我提醒他尽管犯了这次错误，他依然是一个非常成功的商人，重要的是应该从这次失败的商业活动中总结经验，吸取教训。在飞行即将结束时，他已经决定，及时止损，卖掉那家科技公司，重新开始。

真的，困难到来的时候，如果抱怨有用，能够切实解决问题，那当然好了。

有个寓言故事是这样的：

一头驴掉进一口枯井里。农夫想，这头驴年纪大了，不值得费精劳神去把它救出来，不过无论如何，这口井还是得填起来。于是农夫请来左邻右舍帮忙一起将井中的驴子埋了。农夫的邻居们人手一把铲子，开始将泥土铲进枯井中。当这头驴子了解到自己的处境时，刚开始哭得很凄惨，但出人意料的是，一会之后这头驴子就安静下来了。农夫好奇地探头往井底一看，原来驴子将大家铲到它身上的泥土全数抖落在井底，然后再站上泥土。很快这只驴子便得意地上升到井口，然后在众人的惊讶中跑开了！

驴子如果一味抱怨，则必死无疑。但是驴子开动脑筋，展开自救，这种积极解决问题的心态，值得我们学习。

吃苦在前，享受在后，追求梦想

有的人活着，他已经死了；有的人死了，他还活着。有的人每天浑浑噩噩，挥霍享受，不思进取，浪费大好光阴。这样的人犹如行尸走肉，尸位素餐。

当混日子成为一种“瘾”的时候，要摆脱这种状态，需要很大的决心。因为“由奢入俭难”。舍弃，是一种智慧。一分耕耘一分收获。只有勤奋的人，才能有丰富的收获。

有一对兄弟，哥哥叫阿明，弟弟叫阿亮，他们的日子过得非常艰难。于是弟兄俩商量，怎么才能成为这个村子里最有钱的人。

要想成为村子里最富有的人，这个目标很远大，可是怎么才能实现这个目标呢？两人一边顶着白花花的毒太阳在地里干农活儿，一边没完没了地讨论。商量了若干种办法，讨论了多种方案，但是由于种种原因，俩人最后都放弃了。

很快，机会来了。铁路局要修一条经过他们村子的铁路。

这条消息在村子里炸开了锅，人们激动不已。要想富先修

路，这不，铁路说来就来了。

村子里的人们包括阿明和阿亮在村主任的带领下参与了挖土方、压石子、铺铁轨的工作。每天挖土方，工资每月结一次。一眨眼，第一个月的工资发下来了，整整3 000元。相当于农村种地，刨去化肥农药之后一年的总收入。

“我们发财啦！”哥哥阿明挥舞着手中白花花的钞票，兴奋地大喊着。弟弟阿亮可不这样想。他认为挖土方、压石子，累得腰酸背痛，这3 000元钱来得太辛苦了。他发誓要找到赚更多钱的路子。

第二天一大早，阿亮把哥哥叫醒：“哥哥，我们每天这么累死累活地挖，赚钱太慢了。我有一个计划，开酒店能赚到更多的钱。”

阿明疑惑地看着弟弟。

“不会吧，兄弟？”阿明揉揉眼睛说道，“我们每个月都有3 000元钱的收入，比在村子里种地强多了。我一个月3 000元，一年能净存36 000元了。两年后我就可以盖房子娶媳妇了。这么好的工作你不干，真傻啊！”

但是弟弟阿亮不是一个按部就班的人。他对哥哥再费口舌，也改变不了哥哥的想法。没办法，阿亮决定一个人来实现自己的梦想。于是阿亮一边白天继续挖土存钱，一边利用晚上的时间开始用挖来的土在村子最好的地段打地基。他知道自己很辛苦，而且要存几个月的工资才能够赚到开酒店的本钱。但是阿

亮相信自己的选择，相信自己的梦想一定会实现。他要做村子里第一个开大饭店、赚大钱的人。

消息很快就传遍了全村。大家根本就不相信阿亮这个穷小子会开起村子里第一个酒店。于是冷嘲热讽，称他是“异想天开”“有点钱就得瑟”。再看哥哥阿明，每个月把钱都存起来，几乎没有什么花销，竟然盖起了两层小楼，娶到了称心如意的漂亮媳妇，日子过得其乐融融。而阿亮白天继续努力地干活儿，挖土，压石子，样样不落下。村主任每个月发下来的工资，阿亮一分不花，全部存起来，同时请了几个好朋友利用晚上的时间给自己砌房子，准备用来开饭店。

砌房子这活儿说起来容易，真的动起手来，麻烦还特别多。阿亮每一样都得自己操心。他坚信，只要坚持，就总有成功的

一天。愚公移山，不就是很好的例子吗！

尽管白天干活儿已经非常累了，但是阿亮为了自己的梦想，晚上依然接着干活儿。实在困了，就在泥地上打个盹儿。醒来之后，继续干活儿。

阳光总在风雨后，付出总有回报。阿亮的酒店终于砌成功了！阿亮围绕着自己的酒店一遍又一遍地转圈儿，实在不敢相信自己能有这么大的本事完成这么伟大的工程！那些曾经嘲笑他的人，包括他的哥哥阿明，此时只有“嘿嘿”的份儿，不停地发出“哇！真了不起”的赞叹声。这些人对比前后，判若两人。但是阿亮不在乎，因为他终于实现了梦想的第一步。

房子建成了，但是内部的装修也要不少钱呢。阿亮坚信办法总比困难多的理念，一边继续在工地上干活儿，把工资积攒起来，还跟村主任商量，自己要多挖地挣钱。看着这个有目标的年轻人，村主任慢慢地摸着长胡子，微笑着答应了年轻人的要求。

哥哥阿明看着弟弟不知疲倦地干活儿，知道他是在为了自己的梦想而辛劳，到底是手足情深，再加上老婆的督促，于是也到工地上和弟弟一起挖土。两个人一起干，阿明的老婆又送来夜宵，弟兄俩劲头十足，工程进度明显加快，挣钱的速度也在大大提高。看着哥哥弯腰驼背的姿势，阿亮禁不住哈哈大笑；阿明看着脑门子油光铮亮的弟弟，也是笑得前仰后合。他们俩一边喝着阿明老婆送来的烧酒，一边吃着夜宵，聊着梦想，聊着人生，不时发出爽朗的笑声。他们的笑声冲出云端，消失在远处黝黑的森林里。

终于，阿亮的酒店大功告成。酒店内外装修一新：新式餐桌椅洋溢着时代的气息；请来的大厨手艺一流，诱人的香味儿弥漫在四周，飘进周围的人家，窜进人们的心里。很快，阿亮的酒店生意兴隆起来了，每天客人络绎不绝。后来，阿亮就雇请了一个职业大堂经理，帮他打理酒店的具体事务。而阿亮自己则选择时间去高等学校学习酒店管理，还出国去考察迪拜帆船酒店。阿亮的身价很快就超过千万，成为当地富豪。至于哥哥嫂子，阿亮没有忘记他们的恩情，给哥哥安排了副经理的职位，给嫂嫂安排收银工作，年终还给哥哥嫂嫂发了两个大红包，每个红包一万块。吃水不忘挖井人嘛！阿亮靠勤劳为自己打出了一片新天地。

第五章

要做逆流中的磐石

人生百态，百态人生。过往如此，当今也不例外。有的人贫贱，有的人显贵；有的人平庸，有的人成功；有的人懒惰，有的人勤奋；有的人积极上进，有的人甘愿沉沦；有的人胆大妄为，有的人望而却步；有的人幸福，有的人痛苦……大千世界，酸甜苦辣咸，应有尽有。

坚守底线，不忘初心

人这一辈子，在为人处世方面总会或多或少遇到些责任与人情相矛盾的时候。越是这个时候，就越是应该理性地坚守原则。我们这样做的目的并不是为了得到别人的称赞，而是在不改初心的条件下，坚守自己的道德底线。

陆红和男友相恋已久，但他们之间始终存在着一条不可逾越的鸿沟。

陆红生性善良，性格温和，与人相处融洽。而她的男友却是个心胸狭窄，睚眦必报之人，动不动就发脾气，这令陆红苦不堪言。但是，为了守住这份感情，陆红选择了包容男友的坏脾气。

陆红的闺蜜见陆红爱得这样累，奉劝她与男友分手。陆红哪里舍得轻易放弃。为了和平相处，陆红更加没有原则地迁就男友。不料她的委曲求全男友却不领情，反而嫌弃陆红没有个性，提出与陆红分手。陆红没有原则地坚持，最终还是没有守住这份脆弱的感情。

陆红的爱情经历告诉我们，没有原则的女人是不会得到男人的尊重。一味地迁就，男人会误以为女人没有原则，这样他就可以在女人面前肆无忌惮，为所欲为。由此可见，温柔和宽

容固然是女人的天性，但凡事都要讲究分寸，不要不分场合地滥用，以免物极必反。

就是同性之间的交往，也要坚守底线。李丽和陈梦是同一年进的公司，因为都是新人，她们便成了好朋友，无论在工作中还是生活中都形影不离。在同事们眼中，她们两个好的跟一个人似的。然而李丽和陈梦却有着截然不同的性格。陈梦整天抱怨工作累，报酬少，而且得不到一丁点儿的额外收入，甚至抱怨自己出身不好。而在李丽看来，工资虽然低了点儿，自己省吃俭用，每天过得还挺充实，也从来不嫌弃家里穷。为了满足陈梦的欲望，李丽经常把自己的零钱给陈梦花，还给她买衣服。

可是，李丽做梦也不会想到，表面上对她好的陈梦，私底下却是个不折不扣的骗子。前不久发生的一件事儿，让真诚善良的李丽彻底寒了心。

陈梦被调去了策划部，而李丽正好接手了她购买办公用品的工作。领导要求办公用品一定要买正品，尤其是硒鼓，以免损坏打印机。李丽满口答应下来。事有凑巧，就在她准备买硒鼓时，公司里的两台打印机齐刷刷地都坏了。

李丽追问陈梦以前她购买硒鼓的型号及价格，陈梦答非所问。无奈之下，李丽只得在网上搜索销售硒鼓的店家。不久，她就找到了一个销售平台，这里硒鼓的价格不仅便宜，而且还正在进行抽奖活动。李丽详细地了解了这家销售公司的具体情况。这是一家大公司，产品保证质量，李丽思量："既能买到好货，又能给公司省下一些钱，一举两得。"于是，李丽就定了两支，第二天就到货了。打开包裹，李丽把新旧硒鼓对比了一下，新的质量要比旧的好得多。李丽别提有多高兴了。然而好景不长，硒鼓出现了故障，打印出的文字颜色很浅。李丽见状忙给卖家打电话，告诉他们所发生的事，销售人员有点儿不相信，说他们卖出的硒鼓还从来没有发生过这样的情况。不过他们还是补发了一个硒鼓。一周之后，同样的事情又发生了。没有办法，李丽只得再次联系卖家，客服觉得事情有些蹊跷，便上报领导，公司立即派人来查个究竟。

这时的公司早已炸开了锅。说李丽如何如何贪心，高价购买冒牌货还吃回扣，自己肥了腰包不说，还让公司蒙受损失。李丽更意想不到，这么一件小事影响却这么大，就连公司领导也开始关注此事了。经过技术人员的详细检查，得出结论：硒

鼓质量上根本没问题，出现的故障实属人为，左侧的拉簧被拆掉了。

在这个真相大白之时，另外一个秘密再也无法掩盖下去了。原来，陈梦为了满足自己的私欲，她谎报硒鼓价格为600多元，然后只花几十元钱购买最次的硒鼓，这样她就借着购买硒鼓的机会，得到额外的收入。她之所以拆掉打印机左侧拉簧，就是嫉恨李丽，让公司领导明白，她才是采购的最佳人选。没想到事情弄巧成拙。真相大白之后，陈梦在公司再也待不下去了，只好灰溜溜地走人。

通过这件事李丽明白了一个道理：做人做事，一定要有自己的底线。超越了底线，会适得其反，甚至走向深渊。

通过以上两个例子我们不难得出结论：无论做人做事，一定要恪守自己的底线和原则。在职场更应该如此，员工的荣辱与公司的利益息息相关。凡事只想个人利益的人，会很快被职场淘汰，甚至被社会淘汰。要想成就自我，就必须顾及他人和集体的利益，唯有这样，方能被委以重任。

只争朝夕，不待明日

现实生活中，一部分人总是把眼前的工作拖到明天再做，认为明天再努力为时不晚。殊不知，当你一旦产生了这样的念头，证明你早已放弃了奋斗。因为，明日复明日，明日何其多！

同样，没有行动的计划，只是纸上谈兵，那会使你变得懒散平庸。首先这是你在拖延自己，接着就会使你产生无形的压力，压得你喘不过气来，甚至使你对生活失去信心。

白莉莉是某杂志社非常优秀的一名编辑。她每天的工作日程都安排得满满的，而且做事雷厉风行，对交给她的任何事都从不拖延。因此，她很得老板的赏识，常常给她加薪。就连她的业余时间，也报了各种进修班。她的座右铭是："充实自己，彰显自我。"

在个人生活中，白莉莉同样如此。她非常注重外表和身体健康，因此，她经常去美容，还参加瑜伽班。在她看来，女人不仅要具备才华，也要美丽大方。

白莉莉是个出众的女人，她处在金字塔的顶端。绝大多数的女性只能在金字塔的低端游走。在她们看来，像白莉莉那样活着，实在是有点儿累。许多白领都喜欢李丹丹那样的生活。

李丹丹和白莉莉同一所大学毕业，也是一名编辑。李丹丹的人生原则是："不争做最优秀的，只愿做最舒服的！"她做任何事情，只讲舒服，不讲效率，人称"拖延大王"。说白了她就是懒散。她日常衣衫不整，而且不爱洗澡，身上总有一股怪味儿，却还理直气壮地说，这是别具一格。她上班天天迟到，明明知道会被扣工资，但她还是不能按时到岗。下班回到家，立刻沉迷于网络游戏，把其他一切都抛到脑后。

经过3年的不懈努力，白莉莉晋升为一家外企某部门的经理。作为领导的她，对自己要求更高了。她每天除了完成大量的工作之外，仍然坚持健身、美容、美体。她觉得这样特别充实，因此乐此不疲。对于她的执着，大家都佩服得五体投地。而3年后的李丹丹，却在到处找工作。她埋怨工作难找，却不反省自己的懒散无能。直到有一天信用卡再也支不出钱来时，她才意识到问题的严重性……

受过同等教育的人，仅仅3年时间，境况相差竟如此悬殊，不得不令人深思。这时的李丹丹仰望着金字塔顶端的白莉莉，心生羡慕。不知道李丹丹有没有反思，自己到底败在哪里呢？此时此刻的你，内心是否有所触动？能否像李丹丹一样，在懒散中度日吗？

亲，别再自欺欺人了，清醒清醒吧！别再我生待明日，赶快只争朝夕吧！无论做任何事情，只有从当下开始努力，明天才会走得不那么艰难。如果今天不努力，你的处境不会无缘无故地改变。虽然我们不能预测到明天会怎样，但今天积极地行动起来，明天的你，总比今天的你优秀，让自己勤奋起来吧！

顽强毅力，成功之道

美国著名作家狄更斯曾经说过：“顽强的毅力可以征服世

界上任何一座高峰。”

谁都有梦想和追求，谁都渴望取得成功。然而，实现梦想的途中不可能是一帆风顺的，总会遇到困难险阻。在这时，你是选择退避三舍，还是勇往直前？勇往直前是需要毅力的！毅力会使一个人在受到挫折时，不向困难低头，直至成功。毅力就是：坚持，坚持，再坚持，它给我们力量，让我们相信，只要坚持，总有一天会攀上胜利的高峰！

众所周知，享誉全球的肯德基创始人——山德士，他的一生失败无数次，但他凭借着坚强的毅力，使他一次又一次地在挫折、痛苦、失败中崛起。

1890 年，山德士出生在美国印第安纳州的一个农民家庭，他从小家境贫寒，一家五口仅靠着父亲微薄的工资艰难度日。

更不幸的是，山德士年仅五岁时，其父突然病逝，家里没有了经济来源，日子就更难过了。为了糊口，母亲不得不没日没夜地打零工，白天去一家食品厂削土豆，晚上给人家缝衣服。穷人的孩子早当家，山德士不仅主动承担了照顾弟弟妹妹的重任，并且还学会了烹饪。

山德士12岁那年，母亲改嫁，继父的脾气很坏，常趁母亲不在家时毒打他。14岁那年，他实在不愿再寄人篱下，决定辍学去找工作，换一个新的环境生活。工作并不好找，于是他开始了艰难的流浪生活。16岁时，他参加了远征军，又因晕船得厉害被遣送回乡。18岁那年，他结婚了。好景不长，那女人卷走了他所有的财产，他又重新一贫如洗。在以后的十几年中，他尝试过各种工作，电工、铁路工人、保险推销员……都以失败而告终。31岁那年，他自学法律，当了律师。不料在法庭上与当事人大打出手，因此，再遭失业的厄运。后来的日子里，他卖了一阵子轮胎，本打算挣点儿钱平安度日，谁知他又遭受了更加不幸的事情：35岁那年，他开车路过一座桥，突然钢绳断裂，连车带人跌入河中，他身受重伤，从此丧失了劳动能力。

40岁的山德士来到肯塔基州，在这里开了一个加油站。他经常看到前来加油的客人饥肠辘辘，就萌生了一个念头：要是在这里开个小饭馆，肯定有客人来就餐。这样的话，既方便了客人，自己又多了一门生意，可谓一举三得。于是，他试着在自己的小厨房里做了几样日常饭菜，并把自己的拿手好菜——炸鸡，推荐给客人。山德士自己也没想到，他做的炸鸡特别受欢迎，因此，有不少客人慕名而来，使得山德士的餐厅生意非常红火。可惜的是，他又因挂广告牌打伤竞争对手，引起一场纠纷，生意也因此一落千丈。

47 岁那年，他再度离婚。49 岁那年，二战爆发，机动车的汽油实行政府配给政策，他的加油站只得关门。于是他就一门心思地经营他的山德士餐厅。几年之后，政府又要建设跨州公路，而要建的高速公路正好穿过他的山德士餐厅。胳膊拧不过大腿，他只得变卖餐厅资产，偿还债务。

56 岁时，年过半百的他，仅仅靠着每月 105 美元的救济金艰难度日。在困境中，为了贴补家用，他打算把炸鸡的秘方转卖给一些饭店老板。66 岁那年，他穿上白色的西装，打上黑色的蝴蝶结，从肯塔基州出发，一路到俄亥俄州，挨门兜售炸鸡秘方。起初，根本没有人理他。两年当中。他遭到 1 009 次的拒绝，但他没有灰心，终于，在第 1 010 家饭店那里勉强得到“好吧”的答复。

随后，盐湖城第一家被授权经营的肯德基餐厅建立起来了，它拉开了世界上餐饮加盟特许经营的序幕。紧接着，山德士的肯德基加盟店迅速增加。仅 5 年时间，在美国和加拿大就发展到 400 家肯德基连锁店。

75 岁那年，山德士转让了他所创立的肯德基品牌和专利，

并拒绝新主人赠给他的 1 万股。他万万没有想到，公司股票大涨，自己眼看着就失去了成为亿万富翁的机会。83 岁那年，他又开了一家快餐店，但又因商标专利与人打了一场官司。直至 88 岁高龄之时，山德士才真正拥有了自己的事业，与此同时，他以全球最大的炸鸡连锁集团创始人的名义，享誉全球。

山德士的故事告诉我们，百折不挠的精神是一个人成功与否的重要条件。纵观历史，但凡有些成就的人，都会在他们身上看到毅力的体现。贝多芬双耳失聪，却谱写出一首首美妙动听的歌曲；爱迪生的失聪，并没有使他停止发明的脚步，凭着顽强的毅力，创造了一个又一个奇迹……

成功者都以惊人的毅力书写着各自不同的传奇故事。他们成功的经验告诉我们：通往成功的路上是需要毅力的。只要有顽强的毅力，再大的困难也会被克服。

居里夫人说过："人要有毅力，否则将一事无成。"毅力和志向是事业的左膀右臂，二者相辅相成。如果没有坚韧的毅力，你的事业就像断了翅膀的雄鹰，根本无法展翅高飞；如果没有远大的志向，毅力便失去了存在的土壤。所以只有二者并存，才是王者之道！

只有努力，别无选择

前几天整理房间时，偶然发现了一个带锁的日记本，锁头已经锈得打不开了。

我心生好奇，便砸开锁。翻开日记本，发现第一页上面写着“我的人生即将开始”几个字。继续翻下去，字迹歪歪扭扭，内容也非常幼稚，根本就是流水账。我情不自禁地笑了，感慨时光的流逝。

每篇日记下面，要么是摘录的名人名言，要么是对自己鼓励的话，但写得最多的是自己的理想，今天写长大后要当科学家，明天写长大后要当作家，再后天写长大后要经商……

连我自己都不明白，小时候的我，怎么会有那么多理想！不过对于怎样实现理想，我心里是很清楚的。

大学时，班上有位女同学，学习非常刻苦，除了上课外，每天还要泡图书馆。每天起得最早，睡得最晚。考试成绩更是让人唏嘘不已，大家都喊60分万岁时，她却门门满分……在她面前，你会觉得自愧不如，恨不得紧紧地抓住她的手，央求说：“姐姐，请你给我们一个活下去的理由吧！”

有一次我忍不住问她：“你为什么那么拼命地学习？”她思考了一下说：“只有努力学习，才能改变我的人生！现在我除了努力学习之外，根本没有其他选择！”她说这话时，眼睛看着远方，眼神中充满着对未来的希望。是啊！要想取得优异的成绩，除了努力学习之外，还有什么更好的选择吗?

刘普初来北京市时，遇到了一位好老师，她总是耐心地教刘普做每一件事。记得有一次，老师的哥哥要做一个广告文案。

老师便拿来让他练手。刘普也就欣然答应试着做了一个。别人看过后，都说刘普是这块料，字里行间充满着灵气，画面感很强。刘普自己也因此兴奋了一阵子。但一段时间过后，刘普就发现了自己的不足，无论是在阅历上，在专业能力上，还是在知识储备上，各方面都远远不够。正是验证了那句话："书到用时方恨少！"

能者上，庸者下。刘普'被逼'无奈，为了免得被淘汰，他翻开被灰尘所覆盖的书，并虚心向前辈学习，经常泡图书馆……就这样，刘普才跟得上时代的步伐。虽然苦了点儿，心里却非常踏实。

竞争是残酷的。只有不断努力，才不会被社会淘汰，一切

才会变得有可能。想出人头地，让生活过得好点儿，你只有努力；如果想拿下一个大单，你只有努力；如果你想卖出一套豪宅、一辆豪车，你也得努力……竞争无处不在，努力无处不在。

好多人都会这样，心血来潮时，决定大干一场，激情过后，早把当初的誓言抛到烟消云外。朋友们，我们已不再是衣来伸手饭来张口的孩子了，行动起来吧！不要整天无所事事，总坐在电脑前，沉迷于各种游戏了。即便是你游戏玩儿得再好，如果不努力去挣钱，你就不会丰衣足食，照样被这个世界淘汰！

不要只看到别人人前光鲜亮丽，却看不到他人背后所付出的努力。你只看到别人收入颇丰，却没看到他在日夜加班加点儿。你只看到别人在事业上蒸蒸日上，却忽略了他在成就事业的过程中吃尽了苦头……各行各业都是如此。不要再艳羡别人了，行动起来吧！除了努力，没有什么捷径可走！

逆流而上，彼岸将至

没有谁的成功是一蹴而就的，当你看到别人取得好成绩时，你应该想道：他是不是在人后遇到过很多困难，遭受了许多挫折？想一下自己之所以没有取得辉煌的成绩，是因为自己没有和他们一样，历经艰险。

有次跟朋友去KTV玩儿，看到一个30出头的男人坐在洗手间的地上，一边哭一边说自己太累了。我不知道何事让

他如此借酒消愁，狼狈不堪，是家庭矛盾呢，还是事业上的难题？……

后来，KTV的那一幕经常浮现在我的脑海里。自己又何尝不是这样呢！经常因一些事压得喘不过气来，感觉未来无望，甚至绝望。我相信，每个人都有这种痛苦的经历。那么，越是这个时候，越应该鼓励自己：路走得越是困难，说明正在走上坡路。只有继续坚持，你才会达到顶峰！

如果你还是不信的话，我再给你举个例子。假设你知道在某地藏有一些黄金，你会不会去挖？答案是肯定的。但非常不幸的是，你唯一的挖掘工具是一把小铲子，更糟的是面积很大，你却不知道黄金所埋的具体位置。这时你是坚持挖下去呢，还是选择放弃？

其实，人生就跟挖黄金一样，也许一开始会因找不到黄金的具体位置而浪费一些时间，但等你挖到黄金那一刻，你会觉得一切付出都是值得的。

《职来职往》节目的主持人乔扬思想敏锐、语言犀利，备受大家赞扬。但了解了他的经历之后，才知道，一个人从幕后到台前是多么的不容易。

乔扬绝对是一个有毅力，不怕吃苦的人。作为出镜记者，除了每天出镜外，还要做专题。为了博得观众的喜爱，他每天绞尽脑汁，想不同的点子。就是业余时间也要到网吧泡各种论坛，找题材新颖的段子。

乔扬的亲戚们看到台上光彩照人的他，都认为他所从事的工作很挣钱，要不然他也不会总上电视。那时有人讹传他年薪100多万，而实际上，他当时的年薪整整少了100倍。你怎么也不会相信，他的月工资只有900元。更有一年春节，乔扬没敢回家，因为有好多亲戚等着他给孩子们发红包呢。可他囊中羞涩，兜儿里仅有100多元，外面还欠着同事1 000多元。

为了提高自己的工资待遇，他想到了考研。经过几个月的努力学习，最后仅因英语的一分之差而名落孙山。

为了寻找工作，他四处投简历。‘光线传媒’看中了他。一年的湖南电视台的工作经验，使他在‘光线传媒’的面试顺利通过。面试虽然通过了，可是面试官说工资给不了多少。乔扬心里早有准备：北京的物价比较高，是长沙的两三倍，这样算来，给2 000元也行，1 800元也知足。1 800元也给不了的话，1 500元也凑合，反正租个地下室600元就够了，还有吃饭的钱……

这时面试官又说道：“先给你6 000元，以后表现好的话再给你涨工资。”乔扬忍不住吞了下口水——6 000元，差不多是自己以前工资的7倍！也就是说，每天可以有200元的收入。如果今天可以入职的话，今天就可以赚到200元钱了！耶！“老师，今天可以上班吗？”乔扬试探地问。面试官爽快地答应了他。

到光线传媒的第一份工作是给一个娱乐节目写笑话。他每

次写完，都先读给同事们听，直到同事们笑了他才作罢，如果逗不笑同事们，他就继续写。

由于段子写得非常好，公司领导开始重视他了。正当他认为自己前途无量的时候，节目却因运营问题被撤掉了。因此，不仅他的收入又跌入了低谷，同时也失去了展现才华的机会。

因为年轻气盛，乔扬认为没有得到领导的足够重视，就跳槽到另一档节目。谁说"外来的和尚会念经？"恰恰相反，乔扬的到来并不受大家的欢迎。他怎么也想不通，不管怎样，自己也在电视行业干了几年，也算小有成就。为什么大家还质疑自己的工作能力呢？

为了证明自己存在的价值，乔扬全身心地投入到工作当中。在接下来的一年中，别提他有多努力了。即便这样，他仍然寝食不安，常常梦见自己被老板开除。

功夫不负有心人，一年之后，同事和领导对他刮目相看，对他竖起了大拇指。仅仅一年时间，他不仅为节目组做了许多贡献，另外还出版了 3 本书。尽管如此，他还是选择放弃这里，毅然回到了光线传媒。他认为在那里才会使他的才华发挥得淋漓尽致。

如果你也像乔扬一样正遭遇着别人的质疑，不妨学学乔扬，把这句话作为自己的座右铭："路走得越是困难，说明你距离成功的那一天越近了！"越是在这个时候，就更应该坚持，唯有坚持，才会得到大家的认可。

路途艰险，微笑闯关

在宴席上，萝卜片儿对萝卜雕花非常嫉妒：“同样是萝卜，一到饭桌上凭什么你的身价就翻好几倍呢？真是不公平！”

萝卜雕花玩笑地说：“可我比你挨的刀也多得多呀！”

顿时，萝卜片儿无话可说。

在现实生活中，像萝卜片儿这样的人很多，明知别人比自己付出得多，还爱说一些风凉话，总是患得患失，举棋不定。扪心自问，自己付出过多少呢？有些人即便起初真的努力了，可又有几人能坚持到底呢？

马云曾说过：“对于创业者来说，今天很残酷，明天很残酷，后天很美好，大部分人死在了明天晚上，看不到后天的

太阳……”

他想告诉我们，只有坚持继续往前奔跑的少数人，才能实现从流泪到微笑这一质的飞跃。

我一个同学两年换了四五份工作。我问他原因何在？他不是抱怨任务重、报酬低，就是嫌工作前景不好，要不就是与同事搞不好关系……如此频繁地换工作，他的生活也没什么好转：工资依旧低，生活依旧窘迫。而与他同时入职的同事，几年下来，已晋升为领导了。

其实，跳槽只是意味着新生活的开始，远不如坚持下来的人获得的多。前者就如狗熊掰棒子，掰得很多，留下得极少；后者如同拥有一个口袋，走得越远，装得越多。

老虎捕食也是如此。老虎一旦锁定猎物，就会紧追不舍，因为它知道，稍有放松，猎物就会跑掉，这就意味着前功尽弃，要重新寻找猎物……

总而言之，无论你做什么，只要锁定目标，就应该朝着这个目标一直走下去，否则你将一事无成。

有位青年，毕业于一所名牌大学，就读期间，英语过了六级，而且还曾做过商业策划。他带着这些资本，来到某一线城市找工作。本来他完全可以找到一份儿体面、待遇又高的工作。可他竟然选择了去学校当代课老师，更令人费解的是，他还利用课余时间去发传单。一个月下来，整个人都瘦了一大圈。

一个高才生，日子却过得这么苦。家人和朋友很不理解他：

“别再跟自己较劲了。就凭你的能力，找份什么样的工作不行，干吗非得要这样委屈自己呢？”……

面对大家的好言相劝，他不假思索地回答：“当你认准了自己所喜欢的职业，只要3年的时间，一定有所收获。坚持10年，你一定会有所成就。对我来说，别的工作再好，也只是工资高一些，但那不是我想要的。而这份工作不同，现在是苦了些，但它却是我愿意为之奋斗一生的事业！等过去10年，我积累了丰富的经验，到时候还怕赚不到钱吗？”

一晃几年过去了，他的话也得到了证实。

很快，他那独特的授课方式和沟通能力不仅得到了校领导的赏识，也吸引了众多的家长。一次，领导找他谈心。他从分析学校的顾客群，到授课的方法，再到跟踪服务，都提出了非常系统而且切实可行的方案。更重要的是，短短的代课生涯，却让他积累了大量的相关经验。校领导为之震惊。于是，他成了领导的得力助手。领导采纳了他的建议，学校也迅速发展壮大起来。几年过后，他成了教育圈子里的名人，不少家长慕名而来，让孩子跟他学习。10年过后，他的事业更上一层楼，凭着多年来积累的教学经验，他真的创办了一所学校。

高才生的故事告诉我们“一个人如果锁定目标，并渴求成功，就会以积极的心态去实现。更应明白的是，没什么人，没什么事会主动把成功送上门来。若想取得成功，首先就必须具备渴望成功的心态，并毫不犹豫地付诸行动，还应具备坚持不

懈的精神。三者缺一不可。”

平静是一名在职编辑，她的梦想是成为一名优秀作家。可梦想与现实相差甚远。为了实现自己的梦想，她不断地努力着。

机会终于来了。公司安排她与某位知名作家商谈合同的事情。她兴奋地一夜没合眼。第二天清晨，她就带着早已准备好的资料与合同，到约定地点等待那位作家。

一个小时过去了，作家没来，两个小时过去了，还是不见作家的踪影，一上午过去了，等来的却是一条不冷不热的短信：抱歉，因昨天忙到了凌晨，没能赴约。等下次再约吧！

这位作家脾气古怪，所以她早有思想准备，大度地回应着，并又定下了下次见面的地点。最后还调侃一句：那家的茶排毒养颜哟！

平静比较细心，为了赢得作家的欣赏，她了解了作家的喜好。不知是为了那排毒养颜的茶，还是因为平静的耐心和礼貌，作家赴约了。但是想要顺利地签下合同，并不是一件容易的事，因为这位作家的作品非常受读者欢迎，各出版单位都争着抢着出版，所以作家对出版社要求非常苛刻。

对于这一切，平静心里当然明白。所以无论作家怎样刁难她，她都唯命是从。旁人看了都有点儿心疼，她却一笑置之。经过一个月的耐心沟通和等待，平静终于拿下了这位作家的独家版权。合作非常愉快，平静也就顺理成章地成了作家的朋友。在交往过程中，平静一举两得，既完成了领导交给的任务，又从作家那里学到了许多写作经验。

经过多年的历练，平静终于实现了她的梦想，而成就她的老师，就是那位曾经为难她的作家。

假如你是平静，面对一个不守时，又经常“虐待”你的客户，你是否能坚持得下来呢?

平静的成长告诉我们，成就事业就跟搞定客户一样，都要牢牢抓住那些毫不起眼儿的机会，受一点儿委屈也是暂时的。或许在常人眼里那不算什么，但对渴望成功的人而言，却是一块块叩开成功大门的敲门砖。

失败是成功的铺路石

除非你认输，否则失败绝不会是致命的。其实失败没什么好怕的，可怕的是在失败中垂头丧气。每一个人成功的人，都是从一个个的失败中走向成功的。所以，失败是通往成功的铺路石，如果想要成功，就不要惧怕失败。

该亚·博通在很早的时候就致力于发明创造，他最先发明了脱水肉饼干，可是这个饼干并未给他带来什么好处，反而，让他的经济变得更加窘迫。在他吸取了第一次失败的教训后，他又反反复复地试验，两年后，炼乳——这一种新产品被他研制出来，同时还决定把它推向市场。而博通走的第一步，就是

要寻求专利保护。

博通发明的炼乳，是在低温中通过利用真空抽掉牛奶中的大部分水分，而制成一种纯净、新鲜的牛奶，但是，当博通为他的制造方式寻求专利权的时候，得到的回复是产品没有新意。而且，专利局官员告诉他，已经有数十种“脱水乳”专利权在已批准的专利申请存档中了，其中还包括一种“以任何已知方法脱水”。博通并没有放弃，他又一次提出了申请。但是因为专利官员认为“真空脱水”并非是必要的过程，博通只是被认为制作态度比较谨慎而已，所以第二次申请又再度被驳回。第三次申请仍被拒绝，而这次拒绝的理由是博通不能证明“从母牛身上挤出的新鲜牛奶在真空中脱水”与其他制作方式的目的不一致。

三次失败的经历，并没有把博通击倒。因为他坚信自己的创造，所以对专利权仍然穷追不舍。终于，他的第四次申请被批准了。

然而，虽然博通有了专利权，但推销新产品并不顺畅。刚开业时，博通每天要花费18个小时在一家车店改造的工厂里指导炼乳的生产方法，监督生产程序，检查卫生清洁情况。同时，由于附近有纯正、营养丰富的牛奶供应，因此炼乳的成本较低。

为了有效地打开市场，博通精心挑选一位社区领袖作为他的第一位顾客，因为这位社区领袖对产品表示了赞赏，他的意见将有助于巩固新公司及其新产品在该地区的地位。可是，这一地区的顾客习惯了在掺有水分的牛奶放入一些发酵品，进行蒸馏。所以他们对炼乳有疑心，觉得它很奇怪。因此，很少会买炼乳。每次尝试后，都是以失败结束。就连博通的两位合伙人都对炼乳没了信心，就这样，博通的第一家炼乳厂被迫关闭了。

面对此次失败，该亚·博通锲而不舍，他又建起了新厂，可能是上帝被他的努力感动了，终于他的第二次尝试成功了。在他逝世时，他的公司已经发展得很稳固了，并成了美国具有领导地位的炼乳公司。博通的创业奋斗还为现代牛奶工业生产奠定了基石。

在博通的墓碑上，有这样一段墓志铭：“我尝试过，但失

败了。我一再尝试，终于成功。”这是对他一生努力奋斗的总结，这也鼓励了每个渴望成功的人。

激情斗志，险阻让路

无论是谁，做任何事都需要热情。因为热情可以激发一个人的斗志，激励人不怕困难，勇往直前。就好比海上行船，尽管海风有时会把船吹翻，可如果没有了风，帆船将寸步难行。

凯瑟琳·赫本，是美国家喻户晓的明星，她主演好多的影片都享誉全球。曾有人向她请教成功的秘诀，她只说了四个字："精力充沛。"思想家爱默生是这样评价热情的："没有热情，就别想完成任何伟大的事！"言简意赅。拿破仑·希尔也曾说过："要想获得这个世界上最大的奖赏，你就必须像最伟大的开拓者一样，将所有的梦想转化成为梦想而献身的热情，以此来发展和销售自己的才华。"

以上三个名人的总结，都诠释了成功路上"热情"的重要性。

历史上如此，当今也不例外。那些取得重大成就的人，哪个不是对事业充满着激情和热情呢？这些人起初都是充满热情，鼓足干劲儿，甚至不计成败，不顾后果，披荆斩棘，直至成功的人。

一位摄影师去给一位理财专家拍照片。拍摄过程非常麻烦。摄影师一会儿调整灯光，一会儿要求理财专家调整姿势，一会儿又调换背景。几张下来，专家就不耐烦了，大声说道："不要这么麻烦行吗？我的时间宝贵得很，没时间陪你在这儿磨蹭！"摄影师像没听见一样，该怎样做还怎样做，一丝不苟，一直拍到自己满意为止。而那位理财专家也只好无奈地配合。

事后，理财专家的朋友不解地问："当时你明明很是生气，为什么还一直配合下去？"理财专家答道："我是被他的执着和对工作的热情所感动。那是个非常负责任的摄影师，对镜头和角度的要求都很高，可以看得出，拍不出令他满意的作品，他是不会善罢甘休的。我只得配合，别无选择。"

可见，无论你从事什么样的工作，担任什么样的职务，如果缺乏热情，每天以冷漠的态度对待你的工作，那你肯定不会把工作做好。困难无处不在，是永远也躲不掉的。对待它的唯一办法就是迎难而上，凭借着饱满的热情去排除它，攻克它，直至困难为你让路。困难是寒冬，那么热情就是赶走寒冬的暖阳；困难是座大山，那么热情就是开山辟路的斧头。有了热情，就会扫平前进路上的障碍。无论多大的困难，拿出你的热情，勇敢地去征服它吧！

不惧嘲笑，坚持自我

若问华尔街拥有最高职位的女人是谁？花旗集团首席财务

官兼执行总裁克劳切特当之无愧。别看她人前风光无比，但在风光的背后，谁又知道她曾遭受了多少心酸呢！质疑、诽谤、非议和否定雨点般向她砸来。也正是这些遭遇才使克劳切特变得无比坚强，一举成为华尔街的一支“铁玫瑰”。

克劳切特是这样描述自己的童年的；“小时候，我脸上就长满着雀斑。背带裤、矫正鞋、眼镜是我的全部配置。成绩平平，手脚笨拙，经常遭受同学们的取笑。就连我感冒了打个喷嚏，同学们也会嘲笑一番。儿时的记忆，不堪回首！”

“就连选足球队员时，我也必须排在最后。有一次，终于轮到我踢球了，也许我过于兴奋，助跑时眼镜却不争气地掉了，我不得不回头去找。仅为这件小事儿，同学们都笑个不停，笑我傻，笑我笨……”克劳切特陷入了忧郁。很长一段时间，她把自己完全封闭起来，不敢说话，不敢笑，甚至连大气都不敢出，就是受了再大的委屈也不敢吭声。

慢慢地，妈妈得知了她的遭遇。妈妈安慰她说：“不要太在意别人的嘲笑和眼光。他们与你对着干，取笑你，恰恰证明你跟他们不一样，你比他们更努力，更优秀。加油吧，我亲爱的女儿！”

母亲短短几句话，使克劳切特深受鼓舞。她变得自信起来，比以前更加努力了，学习成绩也迅速提高。

离开学校后的克劳切特，像换了一个人。克劳切特立志做一名研究分析师。1994 年，她向华尔街所有公司投了自己的简历。但她没有收到任何一家公司的回应。

克劳切特回忆说：“为了确保我收到拒绝信，美邦公司发了两次邮件。看到邮件后，我才明白，他们是不会录用我的。那段日子里，我心情差到了极点，认为自己很无能。猛然间，我意识到不能这样贬低自己，更不能就此放弃。于是，我又重新充满了信心。同时，我也明白了一个道理：一个人如果想要成功，就必须坦然面对别人的否定。”

后来的事情我们都知道了。克劳切特不仅很优秀，还站在了华尔街金字塔的顶端。

实际上，我们都遇到过像克劳切特这样的烦恼。当你没把事情做好时，总有一些自以为是的人嘲笑你，甚至落井下石；当你成功了，并且表现得很出色时，又会有些人不以为然，说你是靠了什么后台……反正，横竖这些人都有理由。

过程不重要，重要的是结果。学会才重要，做好才重要，成长更重要。正如龟兔赛跑，一开始，兔子比乌龟领先很多，引起了它的自满和骄傲，酣然入睡，结果跑得极慢的乌龟却成了冠军。这虽是个寓言故事，但谁又能说它不合情理呢？

这些例子足以说明，结果很重要。我们应该这样想：虽然没有达到预期的结果，但至少我们学会了以后不再做无用功。例如，平时认真听老师讲课，考前多听听老师的辅导，这样不至于考前白费力气；重要的是，你学会了在自己的能力范围内去帮助别人，并告诉你要帮助的人，“我会尽力而为，至于结果如何，我也不能完全保证”；重要的是，你比较看重结果，不再去纠结“我白白付出了那么多”，而只在意自己“有没有做好、有没有做对”；重要的是你变得成熟起来，不再为自己的失败寻找任何借口。

我曾读过一篇名字叫《赢得重生》的文章。文章的主人公“鹰”，通过自己痛苦的经历告诉我们：遭遇什么并不重要，重要的是我们从中学会了什么。

读了这篇文章之后，我才知道鹰可以活 70 年之久，是世界上寿命最长的鸟类。鹰的一生，是经历无数痛苦的一生。为了阻止体重增加，羽毛变厚，必须经历数次“生死抉择”：要么坐以待毙，要么蜕变。蜕变的过程痛苦不堪，远远超出我们的想象。首先，为了使喙完全脱落，就必须得不停地用喙击打碎石，其中之痛可想而知。再用新长出的喙拔掉一根根老化的趾甲。等新的趾甲长出之后，还要用爪子把身上的老羽毛全部拔掉，以便长出更轻便的羽毛，这样才能使自己在天空中飞得更高……这一次次的蜕变，哪一次能逃脱钻心的疼痛呢？为了获得重生，鹰不得不残忍地对待自己，哪怕是死的考验。

鹰都能够如此，作为万物之灵的我们，难道不应该在困境中多些毅力，多些坚持吗？这样我们才能够获得足够的经验和知识积累，从而为我们达到理想的境界做好充足的准备。

失败不可怕，只要爬起来

没有人生来一帆风顺，也没有人生来事事如意。失败了不可怕，只要勇敢地爬起来。失败的是过去，爬起来重新面对未来。所有的失败都是为重新爬起来做铺垫，所有的重新爬起来是为跌倒插上了新生的翅膀。自暴自弃是弱者的表现，从失败中奋起，才是人生中真正的赢家。

失败是人生的考验

一个人如果不经历失败和挫折，那就很难拥有健全的人格，甚至不会取得成功，因为逆境比顺境更能锻炼人。失败和挫折与充满鲜花和掌声的成功相比，总是残酷和令人难以接受的。然而，只有我们身处逆境时，勇敢地接受考验，我们才能接近成功。

汤姆本来是一个年轻又健康的人，可是在一次事故中，他受伤严重，头部以下全部瘫痪，成了所谓的废人。尽管如此，汤姆没有放弃，依然坚定地活下去，虽然非常痛苦，可他活得比谁都要坚强。他说："期盼、献身、坚定这三位好老师一直在我身边支持着我，所以我决心生存下来。我想治好病，想活下去，想知道自己究竟可以做什么事，我时时刻刻把这三位老师放在我心中，并为此而奋斗，相信有一天我可以取得胜利，所以我永不灰心。"

汤姆经历了这么大的痛苦后，心中没有仇恨，没有恼怒，只有爱，他实在太伟大了。因为他始终认为应该爱护他人。相反的，如果时常埋怨命运或憎恨别人，对自己并没有好处。汤姆的心理却很正常，尽管他的身体受到伤害。他总是这样告诉自己，这次的事故是自己人生的一个转折点，虽然不可避免地

受伤了，但是他要下定决心努力去改变人生。他的这种想法是健康的、正确的，因此汤姆总是这么勉励自己。其实自己已经很自然地接受了这个安排，而不是认为自己是受害者。每次汤姆坐着电动轮椅外出时，因为轮椅会发出声音，所以会引起很多小朋友的注意，他们有的会笑，有的会迷惑，也有的会说：“很不错嘛！”好像很羡慕的样子。每当这个时候，汤姆就会做各种鬼脸逗孩子们开心。同时，他开了一个专门为附近社区居民介绍婴儿保姆的公司。他对人生充满了新的希望，也想帮助那些失意的人找到希望，所以他在一个公益协会里，做了一项名为新希望电话咨询中心的服务。

汤姆战胜了挫折，并能勇敢地活下去。他曾说过：“艰苦的日子总会结束。只有心中充满希望，继续为生活而努力的人，才能享有新生命。”汤姆的坚强，使自己成了一个努力将厄运视为命运转机的人。

当遭遇困境时，要经得起摔打，倘若没有挫折，那么所有的成功都是不堪一击的。厄运大多是命运的起点，压力会给强者很大的推动力。只有用良好的心态面对一切，完善自我，平时做到乐观、进取、开朗，多展现积极的心态，如自信、希望、诚实、爱心等，多避免消极的心态，如悲观、失望、自卑、虚伪、欺骗等，才能一步步走向成功。

今天最重要

很多人经常在此时此刻怀念昨天和想象明天，这样只会昨天越来越多，而明天越来越少。事实上，只有今天能把握得住。所以，我们只有把握好现在，活在当下，让每个今天都有意义，才会拥有美好的明天，我们的一生也才会意义非凡。

今天，即现在，即说话、做事时的这一天，是一个时间概念，当然，它也是时间的一个阶段。今天只有 24 小时，1 440 分钟，86 400 秒。因此它是短暂的。在这段时间中，除了睡眠和吃饭，剩下从事学习和工作的时间就会是有限的，当你浪费一分钟，它就会少一分钟；浪费一秒钟，它就少一秒钟。

我们来看一个故事。

在西欧的一座教堂里，有一尊大小和一般人差不多的耶稣被钉十字架的受难像。专程前来这里祈祷、膜拜的人特别多，

可以说是“门庭若市”了，因为他有求必应。看十字架上的耶稣每天要应付这么多人的要求，教堂里有位看门的人，觉得于心不忍，他希望能分担耶稣的辛苦。

于是，他在一天的祈祷中，他向耶稣表明这份心愿。他意外地听到一个声音，说：“好啊！那我和你互换一下，我下来看门，你上来钉在十字架上。可是，不管你看到什么，听到什么，都不可以说一句话。”这位看门人觉得，这很简单。于是耶稣下来了，看门的人上去了，像耶稣被钉十字架般地展张双臂，因为受难像和真人差不多，所以来膜拜的群众没有怀疑过他。这位看门人也遵循之前的约定，静默不语，聆听着信友的心声。

来往教堂的人很多，他们的祈求更是千奇百怪、不一而足，有合理的，也有不合理的。但无论怎样，他忍住并没有说话，因为他要做到言而有信。

有一天来了一位富商，当他祈祷完之后，竟然忘记拿手边的钱便走了。他是多么想叫这位富商回来，可是，他不能说话。紧接着一位三餐不继的穷人来了，他祈祷耶稣帮助他渡过生活的难关。当穷人正要走时，发现先前那位富商留下的袋子，当他打开时看见里面全是钱，穷人高兴得不得了，心想耶稣真好，有求必应，万分感谢地走了。十字架上伪装的耶稣，好想告诉他，这不是你的。但是，与耶稣约定在先，他仍然不能说话。

后来，又有一位即将出海远行的年轻人来到这里，他是来祈求耶稣保他平安的。正当年轻人要走的时侯，富商冲了进来，他抓住年轻人的衣襟，要他还钱，年轻人不知原因，两人便吵了起来。这时，十字架上伪装耶稣的看门人终于忍不住便开口说话了。事情弄清楚了，富商便去找冒牌耶稣所形容的穷人，而年轻人也匆匆地离开了，生怕上不了船。

伪装成看门人的耶稣出现了，他指着十字架说："下来吧！你没有资格在那个位置了。"

看门人说："我为了主持公道，把真相说出来，这难道有什么不对吗？"

耶稣说："你懂什么？那位富商有很多钱，他那袋钱是用来嫖娼的，可那些钱对穷人来说，可以维持一家大小的生计；还有那可怜的年轻人，倘若富商一直纠缠下去，会延误了他出海的时间，让他上不了船，他还能保住一条命，可他现在搭乘的船正沉入海中。"

这则寓言故事听起来好像笑话，但它说明了：在生活中，我们经常想方设法找到最好的，但大多时候，会事与愿违。我们必须相信：现在我们所拥有的，不管是顺境还是逆境，都是上天给我们最好的安排。这样，我们就会在顺境时感恩，在逆境时心存喜乐。明白了这些，我们才会更加珍惜今天，不会浪费今天，当然也就不会给明天留下遗憾。

把握住今天，既要有妥善的安排，又要解决好自己的思想态度问题。把握住今天，不管是在顺境还是在逆境中，也不管

一个人年龄大小，从事工作的繁简，都要坚持这个原则，偷懒和懈怠都是不行的。

不要害怕冒险

凡事三思而后行，不怕一万，就怕万一，谋定而后动是没错的。但你要知道，不论你谋划得多么周密详尽，风险总是会来的。

在一年春天，有人问一个瘦弱的农夫："你今年种麦子了吗？"农夫回答："没有，我害怕天会不下雨。"那个人又问："那你是不是种了棉花？"农夫说："没有，我害怕虫子吃了棉花。"于是那个人又问："那你的地里面种了什么？"农夫说："什么也没种。我不去冒险，我要确保绝对的安全。"

不愿意冒风险的人，因为冒着愚蠢的风险，他们不敢做；因为要冒着多愁善感的风险，他们不敢哭；因为要冒着被牵连的风险，他们不敢帮助别人；因为要冒着露出真实自我的风险，他们不敢暴露感情；因为要冒着不被爱的风险，他们不敢爱；因为要冒着失望的风险，他们不敢希望；因为要冒着失败的风险，他们不敢尝试……

像那个农夫一样，春天不敢播种，到了秋天，只能看着别人收获，自己却一无所获，一个不敢冒任何风险的人，只会什么事也做不成。他们回避所有的挫折和风险，因此，他们会错过很多，比如，大笑后的心情舒畅；痛哭后的雨过天晴；帮助人后的心灵会变得高尚；暴露感情后心底的坦荡；爱过后的喜怒哀乐；希望后梦想成真的快乐；尝试后才知道生活如此丰富多彩……如果自己被消极的心态捆绑，就会成为一个丧失自由的奴隶。

生活中最大的危险就是不冒任何风险，所以我们必须学会冒险。在遇到危险的时候鸵鸟常常只是掩耳盗铃，为得到心灵上的解脱，就把自己的头埋在沙土中。我们成年之后，好多事情是不能逃避的，一定要坚强面对，要冒风险，但我们还会留着那种逃避和找寻安慰的想法。其实，困惑和风险时常会欺软怕硬，你强它就弱，你弱它就强。我们要知道，当遇到困苦的

时候，不要浪费时间去流泪；当遭遇危险的时候，也不要浪费时间去犹豫。优柔寡断只会带来失败和死亡。而在这种充满风险的生活中，会磨炼出承受风险的良好心态与抵御能力。

承认生活的残缺

由于人们对事物一味地追求理想化而导致了内心的苛责与紧张，因此，完美主义者时常不能保持心态平和，在追求完美的时候会失去很多美好的东西。事物即便不够理想，它也会循着自身的规律发展，不会单纯因为人的主观意志而发生改变。假如有人试图让既定事物根据自己的主观意志改变，不考虑客观条件，那他一开始就注定会失败。

有这样一个故事：

有一个人每天在家里祈求上帝改变自己的命运，因为实在不堪忍受这坎坷的命运了。终于有一天，上帝被打动了，于是向他保证："如果想要结束厄运只需要你在人世间找到一位对自己命运心满意足的人即可。"此人开心极了，于是，他开始了寻找的历程。

终于有一天，他走进了皇宫，见到了天子，于是他问万人之上的天子："万岁，您拥有天下最大的皇权，有用之不尽的荣华富贵，您满意自己的命运吗？"天子叹气后说道："我虽是一国之君，但天天日夜难安，害怕有人夺走我的王位，担心国家是不是能够长治久安，我能否长命百岁，我过的还不如一个快乐的流浪汉！”所以，这人又去找了一个在太阳下晒太阳的流浪汉，问道：“流浪汉，你每天可以无忧无虑地晒太阳，不必为国家大事操心，就连皇上都羡慕你，你满意自己的命运吗？”流浪人听了哈哈大笑：“你在开玩笑吧？我每天连饭都吃不饱，怎么可能对自己的命运满意呢？”就这样，他走遍了世界各个地方，询遍了各行各业的人，可每个被访问的人对自己的命运都是摇头叹气，口出怨言。后来，这个人终于明白了，从此不再抱怨坎坷的命运和残缺的生活。神奇的是，从此以后他的命运开始顺畅起来。

从前有一个渔夫，他钓到了一条非常大的比目鱼，那条比目鱼说他是一位中了魔法的王子，请渔夫放了他，渔夫回到了家中把这件事告诉了他的妻子，贪婪的妻子说中了魔法的王子一定能帮他们住进一间草屋里。于是，渔夫去请求比目鱼，比目鱼答应了，于是妻子提出了各种各样的要求，她的野心在不断地膨胀，她甚至要控制太阳和月亮，比目鱼恼羞成怒了，最后渔夫和妻子又住进了那破烂不堪的渔舍里，最后变得一无所有，一直生活到现在。童话里面渔夫那个贪婪的妻子，最终都没有逃脱贫穷的命运就是最好的证明。在现实生活中，我们之所以过得不够开心、不够惬意，那是因为对环境总存有这样或那样的不满，并没有看到自己幸福的一面。或许你会说：“我

不是不满足，只是觉得我的生活还存在着问题。”其实，当你认为别人错了的时候，你就已经感到不满了，你的内心也早已不再平静了。

直接面对才能战胜恐惧

遇到困境时，如果你认为自己解决不了，那你就永远失去战胜它的机会。当你勇于面对恐惧之后，很多人马上就会醒悟：原来自己拥有远远超出自己想象的能力！不管你的内心是怎样的，你都要始终保持一副赢家的姿态。即使落后了，只要保持自信，成竹在胸，也会使你在心理上占尽优势，从而最后获得成功。

为了领略山间的野趣，维尼一个人来到一片陌生的山林，走了很久，最后迷路了。正当他不知道怎么办的时候，正对面走来了一个背着山货的美丽少女。

少女宛然一笑，问他：“先生是从景点那边过来然后迷路的吧？跟着我走吧！我带你抄小路下山，在那里有旅游公司的汽车在等着你。”

维尼跟着少女穿梭于丛林中，千万道漂亮的光柱在林间透出，在光柱里还有晶莹的水汽。正当他欣赏这美丽的景致时，少女突然开口说话了：“先生，前面就是鬼谷了，也是这片山林里最危险的路段，稍微不小心就可能掉进万丈深渊。我们这儿有个规矩就是，路过这里一定要挑点儿或者背点儿什么东西。”

维尼惊讶地问：“既然已经很危险了，再背着东西通过，那岂不是会更危险吗？”

少女笑了笑，解释说：“当你意识到危险了，就会更加集中精力，也就会更安全。这儿以前发生过好几起坠谷事件，都是迷路的游客在没有压力的情况下不小心掉下去的。我们每天都背东西来来去去，但从来没人出过事。”

维尼非常害怕，而且他对少女的话十分怀疑。因此，他让少女先走，然后自己退回去想去寻找别的路，绕过鬼谷。

少女摇了摇头，一个人走了。维尼在山间走了很久很久，但还是没有找到下山的路。

天马上就要黑了，可维尼还在犹豫。夜里的山间非常危险，他恐惧在山里过夜；他也恐惧过鬼谷下山；更何况，现在只剩下他一个人了。

后来，山间里又走来一个背山货的少女。非常害怕的维尼拦住少女，问她自己应该怎么办。少女什么也没说，只是把两根沉沉的木条递到维尼的手上。维尼胆战心惊地跟着少女，终于小心翼翼地走过了这段“鬼谷”路。

后来，维尼又故意挑着东西走了一次“鬼谷”路。这时，他才发现其实“鬼谷”没有自己想象的那么深，最“深”的只

是自己想象中的恐惧。

因为太难和畏难，自己根本不敢尝试，甚至认为别人也做不到。所以人们往往会对“不可能”产生恐惧，不敢作出任何行动。

用忙碌代替忧虑

忙碌的生活可能带来的是混乱与疲惫，而不是充实的成就感和满足感。当我们在备感忧虑煎熬的时候，又在发愁如何甩掉这个包袱。周而复始，真的会让人痛苦不堪。我们为什么不学一学林肯总统呢？

很多人都知道林肯是一位宽容、有怜悯心的总统，可是他的夫人玛丽却是个脾气急躁的女性。由于家庭出身以及教育程度的不同，他们二人性格差距很大。玛丽责骂林肯，这也让亲切而和善的林肯为之忧虑。为了逃避来自家庭的战争，在春田镇当律师的林肯，不得不让自己忙碌起来，这样会使他忽略自己的婚姻生活。但是由于他的辛勤工作，律师所的生意不仅越来越好，他的名声也越来越响亮。

事实上，让自己忙碌起来是一个智者的选择，不仅可以忘记忧虑——准确地说是因为无时间去思考忧虑，又能让自己的工作更加出色，一举多得是多么难得啊！

卡耐基在他的《人性的优点》一书里写道：

“我班上的学员马利安·道格拉斯曾向我讲述过他的家庭所经历过的两次不幸。”

第一次，他和妻子经历了认为自己无法忍受的打击，就是失去了他们最为宠爱的孩子——5 岁的女儿。可更为不幸的是，“10 个月后，我们又有了另外一个女儿——而她在世界上只生存了 5 天”。这样连续的沉重打击根本让人无法承受。这位父亲告诉我：“我无法休息或放松，甚至睡不着，吃不下，每天垂头丧气，信心消失殆尽。即使安眠药和旅行都不能缓解，好像有一把大钳子夹着我的身体，而这把钳子愈夹愈紧，感觉我都不能呼吸了。

“不过，我 4 岁的儿子让我走出了这种痛苦的境地，还教

给我解决这个问题的方法。有一天下午，我正呆坐着难过的时候，他问我：‘爸，你能不能帮我造一条船？’事实上，我对造船一点儿都不感兴趣，可小家伙软磨硬泡，我不得不依从他。

“我用了三个小时才完成那条玩具船，等做好时我发现，这三个小时是最近第一次让我感到放松。“这几个月来，第一次让我集中精神去思考。我突然明白了，当你忙着做费脑筋的工作时，你就不会再去忧虑了。对我来说，造船就不会让我再忧虑，所以我决定让自己忙碌起来。

“第二天晚上，我查看了每个房间，把所有需要做的事情列成了一张单子。两周内，我列出了242件需要做的事情。有好些小东西需要修理，比方说，书架、楼梯、窗帘、门把手、门锁、漏水的龙头等。

“从此以后，我参加了很多有意义的活动，我的生活也变得忙碌起来。每周除了参加一些小镇上的活动外，我还会有两个晚上到纽约市参加成人教育班。现在我协助红十字会和其他机构进行募捐的同时，还任校董事会主席，因此，我忙得连忧虑的时间都没有了。”

学会选择，懂得放弃

一个人要学会选择，选择你喜欢并擅长做的事；一个人要懂得放弃，放弃你不想做的事。只要在你的人生道路上，找到合适自己的人生位置，你就能够将聪明才智充分发挥，从而获得成功。

当赵本山还是一个农民的时候，有人说他懒，重活、轻活都不干，只会耍嘴皮子。但是他没有放弃，把嘴皮子耍成一门真功夫，选择了艺术之路，成了小品界的红人。

罗大佑的经典歌曲《童年》《恋曲 1990》等影响和感动了一代人。其实罗大佑最开始是学医的，由于自己对音乐的情有独钟，因此，他果断弃医从乐，事实证明，他当时的选择是对的。

“篮球飞人”乔丹没成名之前，曾尝试到一家叫伯明翰·巴伦斯的二流职业棒球队打棒球，但没有取得好成绩，所以又回到了篮球队。

当初伽利略是被送去学医的。可当他被迫学习解剖学和生理学的时候，他偷偷地研究复杂的数学问题，学习欧几里得几何学和阿基米德数学。当他在 18 岁的时候，就从比萨教堂的钟摆上发现了钟摆原理。

有一座贵族宅邸离斯特拉福德镇不远，它的主人是托马斯·路希爵士。有一天，二十出头的莎士比亚和镇上的几名好事之徒，带着枪偷偷地溜进了爵士的花园，还开枪打死了一头鹿。后来莎士比亚被当场抓住，并囚禁在管家的房间里一整夜。莎士比亚在这一夜里受到了很多的侮辱，被放出来后他便写了

一首尖刻的讽刺诗，而且还贴在了花园的大门上。这下子把爵士给气坏了，他表示要用法律严惩那写歪诗的偷鹿贼。为此莎士比亚不得不离开家乡，去往伦敦。也正如作家华盛顿·欧文所说的："从此，斯特拉福德镇失去了一个手艺不高的梳羊毛的人，而全世界却获得了一位不朽的诗人"。

奥多尔夏里亚宾（1873—1983 年）是俄罗斯著名男低音歌唱家，在 19 岁的时候，他来到喀山市的剧院经理处，请求经理听他唱几支歌，并让他加入合唱队。由于他处于变声期，所以他没被录取。即使这样，过了几年后，他还是成了著名的歌唱家。有一次他认识了高尔基，并给他谈了自己青年时代的遭遇。高尔基听后，出人意料地笑了。原来在那个时候，高尔基也想成为那个剧团的合唱演员，而且……还被选中了！不过，很快他就明白，他没有唱歌的天赋，于是他果断地退出了合唱队。可见，一个人如果想要成功，就必须找准自己的最佳位置。有调查显示，现在的人们在选择单位和职业时首要考虑的因素为：符合个人兴趣爱好，能发挥个人特长，专业对口，等等，这反映了时代在进步。

保持一种创新思维

凡成大事者都有超出常人的创新思维，因为创新思维是一种积极的心态。面临残酷的竞争，创新思维会给我们带来生机和活力，这一点毋庸置疑。我们用新思维突破常规观念，超越自己的过去，必须要保持一种创新思维，才能立于不败之地。

思维可分为两种，即常规性思维和创造性思维。常规性思维缺乏灵活性，一般是按照一定的固有思路、方法进行的思维活动。而创新性思维不是过去的再现重复，它的核心是创新突破。它没有有效的方法可套用，也没有成大事的经验可借鉴。因此，创造性思维风险很大，它不能保证每次结果都能取得成功，甚至有的时候还会没有成效或者得出错误的结论。但是，不管它最后是什么样的结果，都会有重要的认识论和方法论的意义。因为虽然是不成功的结果，但他也为人们以后提供了少走弯路的教训。常规性思维虽然稳妥，但不能为人们提供新的

启示是它的根本缺陷。

如果你想取得成功，就必须明白：人们总是探索前人没有过去的思维方法，寻求没有先例的办法和措施去分析认识事物，从而取得对尚未认识的事物的认识，获得新的认识和方法，进一步锻炼和提高人的认知能力。

在实际操作中，通过运用创新性思维，提出一个个新的观念，然后形成一种种新的理论，作出一次次新的发明和创造，都将增加一个人成为成大事者的能力。

创新思维会不断满足一个人已有的知识经验，努力探索未知世界，从而打开新的局面。如果一个人没有创新性思维和勇于探索、创新的精神，那他只能停留在原有水平上，不可能在创新和开拓中发展、前进，最后必然陷入停滞不前甚至倒退的状态。

人们之所以会成功是在于创造性的思维。一个成大事的人想要体会到人生的真正价值和真正幸福只有通过创造才能实现。利用创造思维取得成功后，会使人享受到人生的最大幸福，同时还必将激励人们以更高的热情去继续从事创造性实践活动，为自己的成大事之路奠定基石，让自己的人生实现更大的价值。

说到创新，有些人认为只有极少数人才能办到，甚至觉得它很神秘。事实上，创新在内容和形式各不相同，而且还有大有小。创新活动不再只是科学家、发明家的事，在现实生活中，很多普通人都可以进行创新性的活动，生活、工作的各个方面都可以迸发出创造的火花。成大事者在事业上不断产生新的追求、新的理想、新的目标，从而在新的事业奋斗中，实现这些新的追求、理想、目标，产生新的更大的幸福感。

世界上因创新成大事的人简直就是数不胜数。

伊夫·洛列是一个靠经营花卉发家的法国美容品制造师，他在一次新闻发布会上声情并茂地说：“我能有今天，当然不会忘记一个常见的秘诀，即使我经常与这个秘诀擦肩而过，过去也从未重视过它，也没有把它当作一回事来对待。可是我却要说，创新的确是一个美丽的奇迹，是它给了我支点让我成功的。”

伊夫·洛列从1960年开始生产美容品，到1985年，他已经有960家分号，在全世界各分支个企业也是星罗棋布。伊夫·洛列的企业是唯一使法国最大的化妆品公司“劳雷阿尔”感到压力的竞争对手。他的生意兴旺，财源滚滚，而且还摘取了美容品和护肤品的桂冠。这一切成就，伊夫·洛列都是默默地取得的，在发展阶段几乎没有让竞争者产生警觉。他的成功秘诀在于他的创新精神。

正视自己的生活

机不可失，时不我待。我们的生命是从每一天开始的 。

我们不仅仅要在年老的时候，珍惜每一天，还要在年轻的时候，对生活有一个鲜明的态度，以阳光一样的热情来对待生活。这样的生活才是充实饱满，没有遗憾的。

乔治看似是一个极普通的人，但不普通的是他几乎没有开怀大笑过。他每天都是心事很重的样子，他始终记得自己是一个私生子，害怕有人会因此嘲笑他，所以他除了妻子和母亲，几乎不和别人来往。

妻子最终因为受不了沉闷的家庭生活而离开了他，而母亲一年以后，也去世了，只剩下了乔治孤单一人。由于对生活的失望和对自己的绝望，他觉得人生很无趣，于是，他决定自杀。

他信奉天主教，也知道自杀是有违教规的，但他觉得上帝不会责备他的，因为他认为上帝已经遗忘了他。

他来到离母亲的墓地不远的地方，将剧毒农药大口大口地喝了下去，在农药还没有发挥作用时，他突然想起了一句话：你的生命是别人生命的延续，即使不为自己也要为别人活着。然而，在他还没有来得及后悔的时候，他已经昏倒在地。

不知道过了多久，乔治被冻醒了，他感觉全身湿气浓重，睁开眼睛，却看到依稀的星光，这让他十分惊讶，一时间他分不清是在天堂还是地狱。他跑到公路边上，看到了急速的车流和远处的灯火，他知道自己没有死。他不知道自己为什么会没有死，或许是老眼昏花的商店老板拿错了药，也可能是那瓶农药只能杀死害虫，不能杀死人？但是他现在已经无心去找答案，因为他更愿意相信：这是上帝的意思。他相信自己仍然活着，是因为上帝另有任务给他，从而希望他活下来，突然间乔治重新有了生存的渴望。他感谢上帝的恩赐，所以，他决定要把不属于自己的生命延续下去。

从此以后，乔治变成了一个为别人活着的人，他是教区里无人不知的“全天候”义工；他是教堂里永不疲倦的志愿者；他还是那个步履轻快、笑容愉快的人。当他把帮助别人当作使命以后,早已经忘记自己曾经是一个因了无生趣而绝望过的人。

每一个人都会追寻生存的意义。不管你必须克服什么弱点，无论是自卑，是沮丧，是犹疑，还是了无生趣，都不可怕。它可能会在某一时刻影响你，但只要你能正视它，然后就绝不能让它影响你一生。谨记这一点，你就会克服弱点，让你的人生实现真正的意义和价值。

永不放弃

格兰恩在小时候经历过一场大火，万幸劫后余生，但双腿被严重烧伤，医生确诊他以后不能正常走路。这样的诊断实在是太悲惨了，尤其是对于一个渴望自由奔跑和跳跃的小男孩儿来说，更何况格兰恩还喜欢长跑。

一开始，格兰恩的家人以为医生说的“无法正常走路”，

就是可以走路，即使走路会很困难或者走路的姿势会很难看。而事实上，所谓的“无法正常走路”就是靠着轮椅，因为烧伤痊愈后格兰恩纠结的皮肤和萎缩的筋络，使得他的双腿既不能全蹲也无法直立，如果说想跑步那真是异想天开！

格兰恩哭闹、愤怒，拒绝见任何人，他更不能接受这个事实。他把自己关在房间里，尝试让自己冷静下来，他感觉到他仍然有一种渴望和冲动想让双脚再次触地，他半蹲着靠着墙站了起来，但当试着搬动双腿向前迈步的时候，就立刻因为锥心刺骨的剧痛摔倒在地，可就这一小步却给他一丝丝希望：他能走！因此，格兰恩和家人制订了一份功能恢复计划，尽管每一次训练都让他痛彻心扉……

就这样，伴随着无数的眼泪和汗水，他成为奥运会长跑历史上最快的选手之一。

在一次采访中他说：“一个运动员想要成功，强健的体魄只是其中一个小小的因素，主要靠的是信心和积极的态度。也就是说，你要坚信自己可以达到目标。”他说，“你必须在生理、心理和精神这三个不同的层次上去努力。其中精神层次最为重要，我相信天下没有办不到的事。”

一个人想要自己的弱点积极地转为最强的部分，就必须拥有不绝望、不放弃的心态。这种转化的过程好像焊接金属：一片破裂的金属在焊接后，因为高度的热力使金属的分子结构排列得更为紧密，所以它会变得更为坚固。

弱者与强者之间存在的差距的大小，全部都是由自己决定的，要缩短差距，首先必须超越自己。

不可忽视晋升的谋略

年轻人应该重视晋升的谋略，否则，很多机会可能会错失。

小张在一家大型国企工作。五年前，担任总经理助理的他，总觉得自己可能是单位的“重点培养对象”，因为年纪轻轻的就被领导推荐去报考 MBA。考取之后，单位不仅出了学费，还让他利用上班的时间完成了学业。这是非常优厚的待遇，所

以尽管读书期间很多世界500强的大公司发出邀请，但小张还是抱着感激的心理留在了原单位。

毕业时，小张本打算大展宏图，可半年后，总经理却换了人。新官上任自然会带来自己的助理，小张不得已成了营销部普通的职员。虽然心里觉得不舒服，感觉是被“刺配边疆”，但小张凭借学识上的优势，依旧出色。特别是在对外谈判的时候，小张都应对自如。仅仅两年，他就成了这个部门里销售业绩最好的员工。

正在此时，单位领导让小张参与筹备一个新成立的多方投资的物流部门。小张对物流感兴趣，也就果断地转到这个工作上，充当联络人的职务。一年半后，项目进行非常顺利。

本来小张很可能在新的物流公司担任要职，但就在这个时候，销售服务部门又有一个项目需要他去帮助完成。就这样，小张在公司的各个部门辗转，每次他都以极强的适应能力，把工作完成得相当好。后来，单位一有需要，领导自然地就会想到他。小张在销售、投资分析、物流、销售，甚至人力资源等方面，都得到了大家的认可，每个部门领导将重要工作交给他都很放心。但让他痛苦的是，从始至终他都没有得到过提升。

小张希望能够担任管理方面的工作，为此他一直在寻找另外的机会。在应征比较高端的管理职位时，职位和经验是必不可少的。但是，他现在担任的不是管理工作，而且他也没有管理工作的经验。尽管小张熟悉公司每个方面的运作，但只能是

“博而不精”。

公司股份制改革之后，小张的职位就十分尴尬了，因为他不能够获得满意的利益分配，但是如果跳槽的话，他在从前公司所取得的业绩，并不能让他得到管理者的职务。

小张为什么会失败呢？他应该制定自己的职业发展规划，以一种积极主动的心态，采取职业谋略，在必要的时候适当、有效地向上司施加影响，从而有效地推销自己，而不是单纯地埋头于工作，从而，没有得到应有的职务。

第七章

别人的嘲笑，是对你能力的否定

每个人都有自己的梦想，随着时间的推移，有的人把梦想掩埋，有的人梦想已经成为现实。之所以会有不同的结果，是因为他们的付出有所不同。那么，怎么样才可以让梦想照进现实呢？本章主要讲述要敢于梦想，要为实现梦想而努力，做到努力学习，用自己的才华和实际行动来充实自己，要敢于行动，做一个有责任、不怕麻烦、勇于付出的人，从而让自己的人生得到升华，梦想得以实现。

有梦想，就要努力去实现

约翰·戈德是20世纪著名的探险家，他出生在一个农场主家庭。在他年幼的时候，他的神父送给他一幅世界地图，正是这幅图让他产生了周游世界的梦想。现在，这张地图他还珍藏着，尽管地图已经被他摩挲得卷了边，但约翰·戈德还是时常把它打开，看看地图上自己走过的每一个地方。

15岁那年，约翰·戈德曾写过一个不同于他这个年龄而写的计划书，他为这份计划书起了一个响亮的名字——《一生的志愿》。他的计划是这么制定的：

要登上珠穆朗玛峰、乞力马扎罗山和麦金利峰；主演一部《人猿泰山》那样的电影；驾驭骆驼、大象、鸵鸟和野马；探访马可·波罗和亚历山大一世走过的道路；驾驶飞行器起飞降落；读完莎士比亚、柏拉图和亚里士多德的著作；写一本书；谱一部乐曲；拥有一项发明专利；要到尼罗河、亚马孙河和刚果河探险；给非洲的孩子筹集 100 万美元捐款……

他一共在这份计划书中罗列了 127 项人生志愿。当初，很多人看到他写的计划书后都一笑了之，他们认为这不过是一个青少年空想的愿望罢了。他们确信，随着时间的推移，这个孩子会把这份计划忘得一干二净，因为这些志愿遍及世界各地，还没有一个人能完成这么多的事情。别说做到，即使想一想都会让人望而生畏。

然而，他们错了。约翰一直坚定地履行着计划，他的《一生的志愿》随着他的年龄正一个一个实现。一直坚持44年，约翰·戈德完成了大多数的志愿，看似高不可攀的乞力马扎罗山被他踩在脚下，登上顶峰的那一刻，他发出豪迈的吼声；他和猎民一道漂流过危险重重的尼罗河，还在岸边欣赏过尼罗河的夜景。埃及的金字塔、巴黎的比萨斜塔，很多国家的名胜前都留下他的足迹。

每个人都有梦想，但并不是每个人都有坚持自己梦想的勇气。《当幸福来敲门》中的一句台词至今让我印象深刻，主人公克里斯加纳对他儿子说："如果你有梦想的话，就要去捍卫它。"他的儿子做到了，凭着一股子犟劲儿，埋藏在心中十几年的梦想终于在工作后实现了。虽然他做的并不是什么惊天动地的大事，但他用行动捍卫了自己的梦想，留下了为梦想拼搏过的足迹。

我的同事小杰是一位乒乓球爱好者，他每天都坚持去体育馆打一个小时的乒乓球。用他的话来说，每一次在球场上的挥汗如雨，都是一种享受。蹬地、转腰、击球、收小臂，一整套动作下来，全身感觉酣畅淋漓。

去年国庆节期间，小杰代表我们部门参加单位组织的乒乓球比赛。比赛结束，他并没有进入比赛的前三名。回来后，我们本想安慰他，但看到他回到办公室后精神饱满，并未垂头丧

气，还激动地告诉我们，他已经和本次比赛的冠军成了好朋友，以后可以一起打乒乓球切磋学习了，之后又慷慨激昂地为我们描述了比赛过程中的一些事，他的激情感染了我们每一个人。

俗话说得好："不以成败论英雄。"梦想同样如此。在坚持梦想的道路上，没有失败，只有尚未成功；没有成功，只有继续奋斗。这才是对梦想最伟大的定义。只要为梦想努力过、拼搏过，你就是自己的英雄。当你以后头发斑白，回首往事时，才不会有所遗憾。

在实现梦想的道路上，并非所有人都能坚持到最后。"我没有他那样的关系""周围的人都认为我不会成功""家里的人都反对……"难道这些能成为我们与梦想背道而驰的理由吗？如果是这样，那么我敢说，就算大家都站在同一起跑线上，同样会出现有的人成功，有的人失败。

今天吃的苦会为你照亮前行的路

在你生活的城市当中，你一定会发现存在这样的一些人：他们在城市的某一处出租房里蜗居，每天过着朝九晚五，重复的生活，有时也会加班，甚至熬夜到深夜一两点钟，一日三餐经常是泡面、外卖，偶尔和朋友一起聚聚餐、逛逛街……遭受到生活中的挫折和打击之后，便愤世嫉俗、牢骚满腹，沦为随波逐流之人。

同样，你一定也会发现还有这样的人：他们每天都有着详细的计划，并有条不紊地按计划执行，不打游戏，不熬夜，按点儿吃饭，每周都规划出专门的时间锻炼身体和休息。从不赖床，闹钟一响就起来，梳洗整齐，然后美美地吃一顿早餐，精神饱满地投入新的一天的工作。

两种人的区别显而易见：一种浑浑噩噩，随波逐流；一种精神饱满，稳步前行。面对惰性，或者努力自制，或者俯首称臣，然后人与人便有了差别。

大学同学小A，是我们系有名的“高富帅”，他身高1.85米，外貌英俊，家境殷实，谈吐儒雅，待人接物大方得体，是很多姑娘追逐的对象。不仅如此，他学习还十分努力，成绩名列前茅，大学期间取得了不少获奖证书。他还担任着学生会的主席，在这期间，承办了许多有意义的大型活动，连导员都夸他组织能力强，将来前途不可限量。

私下很多同学都问过他，为什么要这么努力，他回答说：“人生很短，大学四年更是如此，我不想大学四年的生活就这样碌碌无为地过去，我没什么过人的天赋和特长，因此唯有努力”。

大学毕业，他考上了某大学经管学院的研究生。研究生毕业后进入了一家著名的外企工作，很快就得到提拔，成了部门经理。有时同学聚会，有些人会在背后不屑地说：“小A只是靠家里的条件和关系才能提升这么快。”有的也会打抱不平：

“小 A 在学校的努力和表现大家都有目共睹，他具备这样的能力和素质，家庭关系只不过是锦上添花，如果不努力，单凭家庭，也只能成为扶不起的阿斗。”

再见到他时，是在他的婚礼上。那时，他已经自立门户，成立了一家外贸公司。凭借之前在外企公司的工作经验和人脉，公司成立后一切都顺风顺水，目前已经有了不小的规模。婚礼上，他西装笔挺，红光满面，妻子身材苗条，面容姣好，郎才女貌，羡煞旁人。

这个世界就是这样，越努力越幸运，也正因为这样的规则，才逼迫我们不断地朝更好的方向发展，成为更优秀的人。

上高中时，班主任经常向我们夸耀她的得意弟子，她比我

们大四岁，当时已经出国留学。某天，班主任在我们班读了她的一封来信，信上讲了她的学习情况，讲了在国外的校园生活，讲了一些见过的风景，讲了对老师的思念和感激等，老师最后念出落款的几个字——来自牛津，全班一片惊叹。牛津！多么了不起的学校，高中毕业考上牛津对我们来说遥不可及。班主任折好信，小心地放进信封，眼中饱含泪珠，自豪地赞叹："她能走到这步真不容易啊，她付出了很多努力，你们要好好地向你们的学姐学习啊！"

高三那年，老师请来了那位学姐为我们做演讲，讲到了她的那段经历，最后她说："当时虽然苦，虽然累，当然，现在也同样如此，但我从未想过放弃。因为我想走更远的路，看更多的风景，体验更多我从未体验过的事物。"

曾经看到过一篇故事，讲的是一个姑娘第一次拿到出国签证，刚来到异国他乡，对一切感到无比新鲜，一时兴起想要通过打工自力更生。随着课业的加重，语言的障碍，学习越来越吃力，也越发感觉到打工的疲累，最终选择了辞职。有一天，她在网上认识了一个欧洲本地的小伙子 Bob，他性格开朗，学习成绩优异，并且他是通过自己打工赚钱来支付学费和生活费的。

认识之后，姑娘开始和 Bob 聊起自己的生活，慢慢聊到了自己的打工经历，后来变成了诉苦。等姑娘说完后，Bob 告诉她："我们国家很多人成年之后，就开始了独立生活，靠自己打工赚取学费和生活费，很多人都用不起在你们国家常见的

iPhone。许多人甚至打两份工，而且学习成绩也同样优秀。你有父母的资助，每天仅仅打一份工，工作量也不大，有什么资格抱怨？”最后还狠狠对姑娘撇下一句：“要么就拼命努力，要么就早早滚回去。”这句话让姑娘听蒙了。话虽难听，却很现实。原来她只是看到优秀的人光鲜亮丽的一面，却不曾想到他们背后曾付出过多少努力。

一个人20岁出头时，除了青春、热情、精力外，什么都没有，但这几年却决定了你将来可以成为什么样的人。所以，我们别无选择，只能向前，向前，向前，不断让自己的翅膀更强壮，让自己的羽翼更丰满，才能飞到更高的天空，看到更广阔的世界。不要在该吃苦的年纪选择安逸，多年以后，你一定会为当初的努力而感到欣慰。

只有去行动，才会得到你想要的结果

最近，常常听身边的朋友谈到两个新词“健友”“跑友”。顾名思义，就是一起健身、一起跑步的朋友。

也许是因为生活水平的不断提高，人们逐渐开始越来越注重身体健康，许多人逐渐加入到了健身的行列。“请人吃饭，不如请人流汗”也逐渐为人们所认同。健身的重要性越来越明显。

有一档电视节目，叫《超级减肥王》，参加节目的选手体重都超出常人几倍，而且很多人因为体重过重都有过一段心酸的经历。让我印象最深刻的是一个小伙子，因为体重原因，面试多家公司被拒，相亲一直失败，还经常听到别人嘲笑的言语以及面对别人异样的目光……

刚开始看他们健身还觉得有些好笑，好多人都是稍微运动下就气喘吁吁，做个仰卧起坐一躺下去就起不来了。每天看着他们挥汗如雨，咬牙坚持，快坚持不住时痛苦的落泪，擦干泪水后继续坚持，我慢慢地被感动了，也渐渐体会到了他们背后的心酸。看着他们的体重一天天减轻，真为他们高兴。我突然发现，这个节目虽然是关于减肥，却教会了我们如何看待人生，看待自己，看待世界。

今天多留一些汗，今后就可能少流一些泪；今天辛勤耕耘，明天才可能有巨大收获。好多人都以为自己很努力，流了一点儿汗，因为没有看到想要的结果便放弃了努力，开始抱怨生活，牢骚满腹，却不曾想，你想要的结果，需要用多少努力和汗水才能换取？耕耘和收获是对等的，不曾努力到底，你凭什么要求结果。生活就是如此现实，也是如此真实。你可能会通过抱怨、诉苦来欺骗他人，获得同情，却无法欺骗现实。正如减肥这件事，你无法作假。体重秤实实在在的数字会告诉你，你是努力了还是偷懒了。

看到朋友坚持跑步两年后，我蠢蠢欲动，在朋友的鼓动下，我和身边的几个朋友也加入其中。为互相鼓励，互相督促，我们还专门建了一个群，里面有跑步坚持两三年的，也有刚刚加

入的，还有很多有经验的、专门从事跑步训练的教练。新进学员总是表现很活跃，每一天都会咨询一些问题，咨询最多的就是如何长期坚持下来。

为帮助刚刚开始的“跑友”尽快进入科学跑步的行列中，有经验的“跑友”在群里上传了一张计划表，是为期一年的跑步计划，以供借鉴。里面详细规划了每天的跑步时间，跑步路线，每周、每月、每年的最少运动公里数，还包括要保持体重多少，等等。刚开始，大家都积极响应，许多人也上传了自己的运动计划，每天在群里打卡的人特别多，但是慢慢地，坚持下来的人越来越少。

所谓计划是指：“预先明确所追求的目标以及相应的行动方案的活动。”如果明确了所追求的目标，制定了相应的行动方案，却不拿出实际行动，那么即使计划再完美，也一点儿作用都没有。所以，计划无论简单还是复杂，粗糙还是精细，都没有意义，只有行动起来才会有意义。

如果你想做成某件事，但感觉此时还无法做到想要的那种结果，不妨将目标分解，制定一个个的小目标。比如，做平板支撑。如果你想要做平板支撑坚持 5 分钟。刚开始的你可能只能坚持 20 秒，于是你可以将每组的时间先定成 30 秒。当坚持做完 30 秒后，可以给自己打气：“再坚持一下，就可以到 40 秒了。”坚持不到也没有关系，你已经达成了自己制定的小目标了。坚持下去做一段时间，当你感觉自己能轻松完成30秒了，

可以将目标定为 40 秒，并努力坚持 50 秒，如此反复，逐渐增加，可能达到 1 分钟还需要很长一段时间，但你已经行动起来了，肌肉也在慢慢变强，你距离成功就不会远了。

其实，在生活中，这种类似的计划还很多。不管如何计划，最重要的，还是要行动起来。生活是一段漫长的旅程，它不像一场游戏、一场比赛，在规定的时间内就要分出高低，它不是看你能走多快，更重要的是看你能走多远。“千里之行，始于足下”，行动起来，你终将达到自己生命的高度。

迷茫，不过是才华配不上梦想

也许你曾暗暗发誓，一定要改变自己，让自己越来越优秀；

再看看现在的你，依旧还是那副模样。也许，你曾抱怨过在钢筋水泥铸造的世界中生活，发誓一定要回归田园，过上与世无争的生活；再看看今天的你，依旧在钢筋水泥的世界中怨天尤人，那份洒脱早已不再，棱角早已被磨平。也许……

曾经的理想、目标，在记忆中渐行渐远，慢慢褪色，我们却用成熟做幌子，嘲笑当初自己的幼稚，不切实际。现在的我们，早已配不上当初的梦想了。

我认识一个叫姗姗的女孩儿。毕业后没有找到理想的工作，到一家单位当起了文员，每天的工作就是整理、打印资料。她时常向朋友抱怨，说一有机会就会辞职走人。3 年过去了，再见到姗姗，她还在那里工作。我问她怎么还没辞职啊！她叹了口气："我也没什么工作经历，不知道自己能干什么，否则，我早就辞职了。我现在感到特别迷茫。"

"那你就没有什么特别想做的事情吗？"

"有啊！我想当导游，能去世界各地参观不一样的风景，想想就开心。"

"为什么不去尝试一下呢？"

"您不知道，我外语等级没过关，门槛儿过不了，应聘直接就被刷下来了。"

我点点头，没说什么。

现在许多年轻人都存在这种现象：对自己的现状不满，对社会上的许多事情愤世嫉俗，有一颗雄心壮志，却总是自我设限，用所谓的现实局限自己，不敢迈开脚步，进而怨天尤人，得过且过，从此浑浑噩噩一生，不再进步。每每遇到这样的人，我总会感觉心痛。我也曾迷茫过，我也曾因对自己的生活、工作不满，整日满腹牢骚，却不知从何处改变，但很快我就度过了这段时期。因为我意识到，我们之所以迷茫，是因为我们自己的能力无法匹配自己的梦想，却没有勇气去尝试，去改变现状。与其终日抱怨、迷茫、浑浑噩噩，还不如从今天开始，做出一点儿改变。“苟日新，日日新，又日新”每天刷新自己，距我们最初的梦想才能越来越近。

生而为人，皆为平凡人，但总有一些平凡人，和我们平凡的不太一样。

喜欢看大兵写的书，喜欢书中的故事。他讲的关于白玛的故事让我记忆犹新。白玛来自西藏一个叫门巴族的少数民族，地处雅鲁藏布大峡谷的拐弯处，自然条件恶劣。十几岁的白玛就开始担任背夫，支付学费的同时，还可以补贴家用，每年在陡峭的山路上死去的背夫不知有多少。就是在这样的条件下，白玛走出了大山，来到武汉求学。边打工边学习，还利用假期回家乡支教，反哺家乡。白玛虽然起点很低，但他从未抱怨过生活，而是主动承担起自己的责任，从大山深处，走出来，来到城市，走入大学，而且还在向更高更远的地方迈步。

如果你有野心，那就让自己静下来，慢慢沉淀自己，在挫

折和失败中汲取营养。如果成不了翱翔九天的凤凰，起码不再是地平面上无法起飞的小鸡。

曾经，我以为人们之所以会迷茫，是因为没有梦想，后来发现我错了。每一个人，或大或小都会有自己的梦想。有大梦想的人需要大才华支撑，有小梦想的人需要小才华支撑。之所以迷茫，是因为我们的才华还未达到需要的层次时，便放弃了努力，放弃了积累。自古有云：厚积薄发。朋友们，不要再迷茫了。静下来，将手头的事情做好，慢慢沉淀，一点点儿提升自己的能力，当积累够了，必将如奔涌而下的激流，势不可挡；如扶摇而上的鲲鹏，一飞冲天。

用行动捍卫自己的梦想

美国歌手阿姆的一首歌里面有这样一段歌词，大意是说如果你拥有一次机会，去完成你曾经梦想拥有的一切，那么你是会抓住它还是会让它溜走？

我想大部分人都想抓住这个机会，但是很多人却会在行动之前，便会在想象的困难面前缴枪投降。我没有足够的资金；我没有靠山，没有背景；我太忙，没时间……不知道大家看没看过《当幸福来敲门》，里面的男主角被房东赶出家门，他带着儿子无处安身，只能在厕所过夜，有人敲门不敢开，抱着熟睡的儿子哭得泣不成声，即使穷困潦倒成这样，他也没选择放弃，最终他成功了。

如果有梦想，一定要用行动去捍卫它。昨天仅仅可能是梦想，今天可能就变成了希望，明天可能就变成了现实。

销售大师乔·吉拉德先生有着传奇的人生经历。1928 年 11 月 1 日他出生在美国密歇根州底特律的一个贫民窟里。他从小就立志要成为一名成功的大企业家，改变自己的命运，让家人过上幸福的生活。

10 岁以后为了减轻家庭负担，他不得不放弃学业，开始送报赚钱补贴家用。之后，他又陆陆续续做过洗碗工、送货员等，这些经历让他越来越感觉到现实的残酷。20 岁后他开始渐渐对当大企业家不抱希望，只希望有朝一日能拥有自己的一家小店铺，渐渐地他发现连拥有一家小店铺的想法都越来越遥远。30 岁以后，他彻底放弃了当老板的想法，因为他当时生意失败，已经欠了一屁股债，他只想找一份工作，能够维持基本的生活。但因为没学历，说话又口吃，先后被许多家公司拒之门外。接连的碰壁，令他心灰意冷，曾经的雄心壮志已降低到了养家糊口有碗饭吃。他苦闷至极，经常无法入眠，一根接一根地抽着劣质香烟。第二天一早又去找工作，可依旧失望而归。一天当他垂头丧气准备回家时，捡起了一位男子扔掉的报纸，本想随便翻翻，突然报纸中的一则科普信息让他眼前一亮。

这则消息就是著名的跳蚤实验：把跳蚤放到广口瓶中，用

透明的盖子盖上。跳蚤跳起来会碰到盖子，接连撞了一段时间后，跳蚤虽然会继续跳，却不再撞到盖子。跳蚤已经在不知不觉中将高度调整到不使自己碰到盖子的高度。当把盖子拿掉后，它再也没能跳出瓶子。

看完后，他感慨万千，感觉自己就是被放在玻璃瓶里的跳蚤，在不断碰壁之后，不知不觉将目标降低，最终变得毫无追求，碌碌无为。他猛然醒悟，人之所以会失败，一个很重要的原因就是在一次次遭受挫折后失去了追求成功的野心和动力。从那时起，他决心改变自己，用实际行动去找回自己曾经的梦想。

那时他35岁，去一家汽车经销行应聘推销员，经再三恳求，

满怀狐疑的经理才给了他一个机会。上班的第一天他就卖出一辆车，接下来的第二个月，销售业绩也非常好。以此为起点，他踏上成为世界上最成功推销员的征程。从1963年至1978年他总共推销出13 001辆雪佛兰汽车。连续12年他平均每天销售6辆汽车，创下至今无人能破的纪录，连续12年荣登《吉尼斯世界纪录大全》销售第一宝座，被誉为“世界上最伟大的推销员”。

生活就如在大海中航行，只有确定航向后，付诸实际行动，才不会随波逐流。航行途中，会有狂风暴雨，会有电闪雷鸣，如果你胆怯了，畏惧了，放弃了心中的航向，就会逐渐变得平庸。若不甘平庸，就勇敢地拿起桨，战胜风雨雷电，用行动捍卫梦想！

充实自己是成功的前提

无论你想做什么，都要提前做好充分的准备。俗话说得好，不打无准备之仗，否则当机会真的来了，你也会因为毫无准备而错失良机。只有万事俱备，待东风来时，方能上演《三国演义》中草船借箭的精彩桥段。但现实生活中，很多人往往想要等到万事俱备才有勇气出发，却忽略了“万事”之所以能“具备”，是需要自己付出努力的，否则只能成为一场空。

“Waiting for life is waiting for die”，等待生命就是等待死亡，

说得一点儿也没错。

小莫，理工硕士毕业。没事儿经常去朋友开的一间 4S 洗车店去玩儿，慢慢地，他发现洗车行业很有前景。于是，他开始根据自己所学机械设计方面的知识，通过翻阅书籍并借鉴市场上的洗车设备的一些结构模型，慢慢摸索设计出一种自动洗车装置。

这种自动洗车装置，提高了工作效率，尤其到了冬天，还能用蒸汽洗车，摆脱了传统洗车带来的许多不利因素，他对自己的设计成果很满意。然后，他开始阅读关于网络营销和加盟之类的书籍，在一段时间的准备之后，他注册了一个网站，找了一处房子，买了几部电话、几台电脑，招聘了几个学生，开始了他的创业之路。

虽然人们对新生的事物好奇，但刚开始的时候，却没人愿意当第一个吃螃蟹的人，几个月下来，他连一台机器都没能卖出去。他开始入不敷出，靠借钱来给员工发工资以及维持正常的公司运营。亲戚朋友都很不理解，凭他硕士文凭，本可以找一份比较稳定的工作，为什么非要受这份罪？

经过几年的历练，凭借着始终如一的热情和坚持，不断地改进机器的性能，同时，他渐渐对洗车市场也有了更加深入的了解，也慢慢积累了很多人脉，事业也逐渐走上了正轨。

小莫的成功，得益于他所学知识的积累，更得益于他所经历的失败、挫折带给他的经验积累和永不言败、坚持不懈的努力。他所有的经历，都是他为将来的成功所做的准备，经过长时间的积累沉淀，逐渐变成了帮他翱翔于九天的羽翼。

这就是这个世界的规则。要想飞翔，必须要经历磨炼羽翼的痛楚；要想实现梦想，就必须经历失败和挫折的洗礼，经受时间的考验。这正如破茧成蝶、凤凰涅槃一般，只有经受了痛苦的挣扎和不懈的努力，才能蜕变，重获新生。

也许有的人一出生便家境富裕，衣食无忧，因此，不想去承受这种破茧成蝶的痛苦。但这种从父辈手中得到的财富终归不是自己的，总有一天会坐吃山空，而且如果一辈子都只活在父辈的荫庇之下，自己的价值又在哪里呢?

总之，想要飞翔，就要先打磨一双翅膀，想要飞得更高，这双翅膀就需要越大越雄健有力。这双翅膀叫独立，叫自强，叫耐心，叫坚持，叫实力……如果你还没有打造好你的翅膀，那就从现在开始准备吧!

机遇总是会与责任并存

机遇总是会和责任并存，每一个责任中都蕴藏着一个机会，而勇于承担责任就是在抓住机会。同理，那些见到麻烦就跑，见到责任就推的人，就是在错过机会。因此，在你对别人抱怨自己没有成功的机会，运气不好的时候，你首先问问自己是否敢于承担责任。那些只讲权利而不负责任的人是必然不会

成功的。

小张和小赵同时应聘到一家公司工作，而且两个人年纪相仿，所以公司便把他们分到一组。他们两个在工作中的表现都是同样优秀，老板对此也是十分满意。但是后来工作上一件意料之外的事，却让他们两个人的命运发生了截然不同的改变。

一天，公司的领导让小张和小赵把一件贵重的古董包裹开车送到码头，并交给货主。因为这件包裹价值很高，所以在他们出发之前，公司领导还特意叮嘱他们一定要小心，注意安全。

不幸的是，意外还是发生了，在马上要到达目的地的时候，他们开的小货车出了故障，打不着火了。

“这可怎么办？出门之前你怎么不好好检查下车子，现在可好，要是我们不能按时把货物送给货主，我们这个月的奖金就会被全部扣除。”小张埋怨着。

“这样吧！我力气大，我背着包裹，好在马上就要到码头了，时间还来得及，肯定可以按时送到的。”小赵说道。

“那就这样吧！你力气大，你背着。”小张说。

小赵二话不说，背起包裹，小跑着，终于在开船前，赶到了码头。这时，小张说道：“你现在去见货主吧，包裹我来背着。”小张这样做是希望货主看到是自己背着包裹过来的，可以在公司领导面前替自己说几句好话。他脑子里正想着美事，一时忽略了小赵递给他的包裹。只听“哐当”一声响，古董被摔碎了。

“你怎么回事，我都没接你就松手了！”小张大声地喊道。

“分明是我递给你，你没接住。”小赵解释道。

不管怎么样，包裹被摔坏了，公司领导也已经知道了这件事。他们回公司后，领导把他们两人分别叫到办公室。“领导，东西不是我摔坏的，是小赵摔坏的。”领导听到小张的话，什么也没说，便让他出去了，然后把小赵叫到办公室。“领导，对这件事我感到很抱歉，因为我们的失误才发生这样的事情，我们会承担相应的赔偿。还有，小张家庭条件不是太好，我来独自承担赔偿吧！就不要让小张承担了。”

实际上，小张和小赵两人在码头的表现货主都一五一十

地告诉了公司的领导，领导对事情发生的过程也十分清楚。

在公司的员工大会上，公司领导宣布了一项重大决定："公司决定升任小赵担任公司的客户部经理，公司需要的是有责任心，勇于承担的人。此外，这次事故带来的损失全部由公司承担，同时小张也被公司解聘了。"

显然，小赵的升职是因为他有责任心，勇于承担，而小张的被解聘是因为他耍小聪明，不敢承担自己的过错，这样的员工，没有一家公司会喜欢。

事实上，你为人如何，做事怎么样，你的表现都在领导和同事的眼里。你工作努力，自然会有回报；遇到事情，有责任心，敢于承担，也必然会得到大家的认可和敬重，机遇也自然会随之而来。所以，只有不怕麻烦，有责任心，敢于承担相应的责任，领导和同事才会更看重你，从而你才会在职场上更成功。我们要知道，机遇和责任是成正比的。没有勇气承担责任，就不会有机会为你停留。责任越大，得到的机会也就越多。勇于承担自己的责任，才会抓住更多的机会，才会让自己的人生更成功。

向前一步就是人生的新高度

俗话说"万事开头难"，这是说很多事情，都是一开始的时候有难度。事实也的确如此，因为我们对事情不熟悉，心里没有底气，再加上一些不可预知的困难，很容易让我们不知所措。

然而，世界上很多事情，只要我们下定决心去做，就会发现其实也并不是那么难。

张雪因为文化程度低，也没有什么特长和技能，便想着开一家小吃店来创业。她很清楚要想生意好，店面位置的选择很重要，因此，她花费了很多时间来挑选小店的位置。

她看好的位置，租金很贵，但因为害怕生意不好，所以就放弃了。而在租金便宜的地方，她又不看好所在的位置。就这样她找了很长时间也没有找到一个位置、价格都很理想的店铺，最后只好放弃了开小吃店的想法。在后来的一段时间里，她曾经想过开超市、服装店、蔬菜店，等等，但全部都因为各种原因而放弃。

一天，她路过之前看好的店面，发现在这里开起了一家小吃店，生意非常红火。当她看到这个景象的时候，心中很后悔，为什么自己当初犹犹豫豫，现在店面被别人租了，而自己却失去了一次很好的机会。

经过这件事，张雪明白了，做什么事情不要犹犹豫豫，只要勇敢地向前迈一步，才会有成功的可能。受到这一思想的鼓舞，她报考了会计科目的考试，她放下心中的担忧，努力学习，全身心地投入。功夫不负有心人，她考的三门课程全部取得了优异的成绩，顺利地通过了考试。

这次的成功让张雪倍受鼓舞，她深刻地认识到，只要付出努力，就一定会有收获。人生没有过不去的坎儿，最重要的是要付诸行动，认准目标之后，就要脚踏实地地去努力，每向前一步就会是人生的新高度。

什么事情刚开始的时候都是不容易的，遥看目标，貌似高不可攀，但是，只要我们能够勇敢地迈出第一步，坚持到底，挑战遇到的每一个困难，最终一定会有收获。

很多人在事情成败的关键时刻，因为害怕困难而放弃，最终与成功失之交臂。向前一步就会成功，而因为害怕而止步不前，从此便和忧愁、失败为伍。追根究底，这都是心态的影响。因为害怕了，便踌躇不前，要是这样的举动在事情的成败关键之处发生，那么你的生活和事业注定会失败。

从事服饰批发的 H 公司，近一段时间公司的运营上出现了重大的问题——供货量大但货款却不能及时收回，公司的资金链断裂，从而在很大程度上影响了生产部门的生产。公司的一位老客户共提走了价值 100 万元的货品，但是却以各种各样的理由不付货款。

公司委派业务员 A 去催要这批货款。A 还没开口要钱，对方便不停地数落起那批货物的问题，还以那批货一直没有出售出去为由来拖延付款时间。A 看到对方这种态度，认为客户很难缠，便回到公司交差了。

公司见业务员 A 无功而返，又派业务员 B 到客户公司催要货款。客户对B竟耍起了无赖，说他们公司资金面临困难，目前没有多余的资金可以支付货款，等有钱了再给他们结算。因此，业务员B也是半途而废，回公司交差了。

公司第三次派业务员C去要货款。刚和对方见面，业务员C就领教了客户的难缠。客户对C说道："你们公司接二连三地来催款，这是明显地对我们的不信任呀！我们现在资金十分困难，要不然早就把货款给你们了。你们这种态度，要我们以后怎么合作？"但业务员C没有像A和B那样被客户吓得退缩，他和客户周旋起来，恩威并施，摆出一副不达目的誓不罢休的态度。最终，客户只好立刻结清了欠H公司的所有货款，业务员C也圆满地完成了公司分派的任务。

两年后，业务员C顺利升任了公司的销售主管，次年，又升任为公司的销售副总，又过了一年，C则当上了公司的总经理。而A和B，依然是一名平凡的业务员。

事实上，很多时候我们认为事情很难，那只是我们的想象和错觉，决定事情难易的并不是事情的本身，而是我们的心态。不论是谁总会遇到各种各样的困难。只有不害怕困难，勇于面对，主动出击，克服一个又一个困难，困难也就不再困难了。如果不去面对，稍微遇到一点儿困难就打退堂鼓，在困难面前犹豫不决，那么困难就会越来越大。只有付诸行动，积极地去解决难题，最终我们才会成功。

人生的精彩莫过于勇敢地向前，不要让一丁点儿的困难成

为阻挡我们成功的绊脚石。当遇到困难的时候，想象一下那些不畏艰难勇敢前行的人，你就会拥有克服困难的勇气和信心，迎接一个又一个的困难并战胜他们，成为人生的最终赢家。

不要因为怕麻烦而不做

一个没有责任心的局外人，我们在平时工作中经常会听到这样的话：

“这也不是我的工作，为什么都来找我？”

“多干也什么好处都没有，我才不多干！”

“这个问题很多人都发现了，谁都不管，这也不是我应该

负责的，我为什么要管？”

“总不能因为我有能力解决这件事情就来找我，毕竟这和我没有什么关系，如果我真的管了，最后出了问题，谁来负责？”

这些“和我没关系，我才不去管”的话语是没有责任心、害怕麻烦的表现。因为事情和自己没有关系，便不管不问，面对麻烦，明哲保身，这些全部都是没有责任心的表现。每个人都应该承担起自己的一份责任，但是这种责任的界限并没有那么分明。大家是一个集体，胜败荣辱都是一体的，这些都是非常正常的事情。正所谓唇亡齿寒，如果所在公司的效益不好，即使原因不在你，但是你也一定会受到影响，要一起承受带来的后果，因此说，肯定是和你有一定关系的。

张强在一家跨国电器公司上班，他是一个年轻的工程师。周末，他和朋友一起到一家电器城闲逛。正在看电器时，他们听到旁边的一个人在埋怨他们公司服务差，而且那个人越说越激动，吸引了很多人前来围观。

张强的同事，认为这些都是售后部门的工作，他们没有必要来管这件事情，更何况现在是他们的休息时间。但是张强却并不赞同同事的看法，他走到那个抱怨的人面前，说道：“你好，先生，我正好在你说的那个公司工作，你愿意给我们一个机会来解决这个问题吗？我相信，我们公司一定会给您一个满意的答复。”

对方听到张强的话，感觉很吃惊，他看到张强并没有穿着工作服，便将信将疑地把自己遇到的难题说了一遍。张强立刻和公司取得联系，公司很快便派维修人员到那个客户的家里，并把客户遇到的问题解决好了。第二天上班后，张强还特意打电话询问了那个顾客还有没有不懂的地方，在使用上满意不满意。后来，公司大力嘉奖了张强，并呼吁全体员工都要向他学习。

这件事情告诉我们，只要是公司的事情，哪怕和我们的本职工作没有关系，我们也要不怕麻烦，对公司负责，这是我们有责任心、敬业的表现。反之，张强同事的想法“和我无关，就不管不问”这样的想法就不推崇。的确，看上去，售后工作和工程部并没有直接的关系，售后服务也并不在他们的工作范畴内，这件事情本来应该由售后部门来负责。事实上，这种想法非常的狭隘。假如那个用户说的是真的，他们的售后服务差，没有良好的用户体验，这样肯定会影响他们的生产和销售，从而公司的效益也会降低，甚至公司倒闭也是有可能的。这样，公司的全部人员都会受到影响，每个人都不会例外，包括张强的同事，工资降低，福利减少，甚至是失业，这是和任何人都有关的。

如果从这个方面来看待问题，只要是公司的事情就和公司的每一个人都息息相关，公司的事就是每个人的事情，对工作负责就是对自己负责。遇到工作上的问题时，不论和自己的本职工作是否相关，我们都要做到积极面对，提出意见，这样才会让公司，让我们有更好的发展空间。

想收获就要付出

工作中，很多人都抱有这样一种态度：工作上马马虎虎，能应付过去就算完事。多干一点儿就开始抱怨，遇到麻烦也是能躲就躲，能避就避。他们好像不明白工作是需要付出劳动的，是需要解决遇到的问题的。接受了这项工作，就需要接受工作所带来的难题。

在职场中，替他人打工，我们要端正自己的态度。工作可以带给我们财富、可以让我们的人生更有意义。但同时，也需要我们付出相应的努力，承担相应的责任。

杰克·法里斯13岁的时候，曾经在一家大型的加油站工作。当时他的主要工作是，负责检查车子的油量、蓄电池、传动带、胶皮管和水箱。工作期间，他发现，要是客人对他的服务感到满意，他们还会再一次来这里加油。因此，杰克·法里斯尽可能地多做一些事情，例如，擦掉车辆身上的污渍，把挡风镜扶正，等等，以此来达到顾客最大的满意。

在一段时间内，有一位年纪大的夫人经常来他们这里加油顺便保养一下车子。这位夫人的车很难清理，车内地板凹陷很深。最让人厌烦的是，这位夫人也很难缠，每次替她打扫干净后，她都会检查了一遍又一遍，即使发现一丁点儿的灰尘，她

也会让法里斯再打扫一遍。

这天，法里斯实在是受不了这位苛刻的夫人了。他找到了自己的老板，老板听后并没有对他多说什么，只是告诉他："孩子，你要知道，这就是你的工作，不论你的客人对你有什么样的要求，只要不违背原则，你都应该对他们有礼貌，而且需要做到最好。"

很多年后，法里斯说道："老板的一番话，让我懂得了什么叫作职业道德。没错，既然接受了这份工作，就必须承担这份工作带来的麻烦和责任。这个认知给我之后的职业生涯带来了深远的影响。"

法里斯这个故事很明确地告诉我们一个道理：既然这是我们的工作，我们选择了这个岗位，那么我们就必须接受它的所有，不仅仅是这份工作带给我们的财富和乐趣，也包括它给我们带来的麻烦和责任，因为这也是工作的一部分。解决这些难题和麻烦本身就是这份工作的职责，你本来就应该义不容辞地承担起来。

任何一项工作都会有它存在的难题。从事体力劳动者，身体会感受到劳累；从事脑力劳动者，则经常会因为忙碌而筋疲力尽；而那些从事领导工作的人，需要统筹整个公司的管理和运作，压力也是可想而知，很多人只看到领导头上的光环，却没有看到光环背后的付出。只愿意接受工作带来的财富和乐趣，而不愿意承担相应的责任的人，是一个没有责任心的人。通常这类人是得过且过，对工作也是应付了事，他们是不会体会到处理工作中的一些难题所带来的成就和快乐，也不会体验到因为工作出色而升职加薪带来的快乐。

我们对待工作应该认真，充满激情，在工作中遇到麻烦，要想尽办法去解决，不逃避，不抱怨，勇于承担起自己应该担负的责任，要知道这些都是我们接受这份工作应该做的事情，这样我们才会得到更多的财富，我们在职场上的生活也会更加的成功和丰富多彩。

第八章

随时充电，不忘自我提升

不论何时何地，我们都应该不断地学习各方面的知识，这样我们才可以成长得更快。在我们遇到困难的时候，要学会变通的智慧，用积极的人生态度来面对生活。在面对失败的时候要学会转变我们的思维等，理解了这些，可以帮助我们在遇到难题的时候，做到冷静地面对问题，采用灵活正确的措施，来让我们获得成功。

人生就是要不间断的学习和提高

每个人在30岁之前，对“学习”这个词都是非常熟悉，因为许多人都是刚刚走出校园步入社会。但是，没有几个人知道，在一个人进入社会以后，我们仍然需要不断地学习。现在这个时代的经济和知识都在飞速地发展，现在所说的学习已经不再单纯的只是在校园的求学时光，现在我们对学习的定义已经没有了时间、人员、学习场所的限制，学习已然成了我们生活中必不可缺的事情，我们只有做到随时随地的学习，才可以跟得上日新月异的知识的发展。所以说现在一个人的学习能力远远比学习知识重要得多。那么，我们应该怎样提升学习能力呢？

在一次英语讲座上，演讲者被提问道：“目前，很多学校都非常流行《疯狂英语》，现在可以在这里聊聊你对《疯狂英语》有什么看法吗？”演讲者听后回答道：“《疯狂英语》我也曾经看过，对于这本书的优缺点，我并不想发表过多的看法，但是它之所以这么好应该是在于‘疯狂’这两个字上。我们想要学好英语，就必须要了解‘疯狂’这两个字真正的意义，然后再疯狂地学习英语，这样你才有可能有一定的收获。要是我们学习的劲头十分疯狂，那么不管是什么我们都可以学得非常好。这实际上也就是说，不管学什么，最终的结果完全是取决

于我们自己。”

这段话告诉我们：不论是在我们做事情还是在学习上，只要我们有一股疯狂的劲头，全力以赴，那什么事情都会成功。要知道，通过我们自身努力懂得的东西在我们脑海里的记忆要远远比只是听别人讲一下来的深刻。这也就是说，一个人学习能力的提高是最重要的，而在培养我们学习能力的过程中，自身的努力更是非常重要。

曾子认为“吾日三省吾身”是自己成功所在。这便是告诫我们，我们要学会自我反省、自我批评。这样我们在审视自身的时候，才可以做到公正、客观。所以，要是我们可以做到主动反省我们自己的情绪、能力，就可以更快更好地提高我们的学习能力，这样也可以让我们对这个客观的世界认识的更准确，我们这样会拥有打破旧格局、创建新格局的勇气。就像狄更斯说的，“不管我们是多么盲目或者怀有多深的偏见，只要我们拥有选择的勇气，那么我们就拥有了改变自己的力量。”学习能力的提高亦是如此。

变通，是生活的智慧

一所寺院和一所道观相邻。道观里的道士想方设法来侵扰寺院的僧人，或呼风唤雨，或装神弄鬼，以此方式来吓走寺庙的僧人。不过，这个办法吓走的也只是一些年轻的小和尚而已。

寺院的道树禅师却一直住在这里。道士用尽了所有的法术，但是道树禅师还是安安稳稳的住在寺院，最后道士不得不离开道观，迁往别的地方。

在这之后，有人问道树禅师："道士们的法术都很厉害，您是怎么赢过他们的？"

禅师说："我能怎么赢他们呢，只是一个'无'字罢了。"

人们不解。

禅师继续说道："他们有法术，有限、有量、有边；而我无法术，则无限、无量、无边。我这便是以不变应万变。"

人的一生非常短暂而且只有一次，在我们这宝贵的一生中，我们应该怎样做才会让我们的生命更有意义，才会无怨无悔呢？

30来岁的年轻人应该为了自己的理想而努力，要做到持之以恒，相信功到自然成。要做到一心向着理想前进，不问结果，时刻保持一颗平常心，这样才可以在俗世纷争的世界中做到以不变应万变，才会变得更加从容自得。

实际上，成败得失都是有一定自然法则的，只要我们保持一颗平常心，我们就会更宽容，更理智，可以更多地享受生活中的美好，领悟到大自然的奥妙。要是我们拥有一颗平常心，遇到问题也会泰然处之。当然，在一些具体的问题上，我们也要学会变通。

在加拿大的魁北克省有一条南北走向的山谷。在这个山谷

的西坡到处都是松柏、女贞等树，而在它的东坡却只有雪松。为什么山谷的东西两边景色相差这么多呢？一对夫妇，在一个冬天揭开了这个谜底。

那是1993年，当时这对夫妇的婚姻正岌岌可危，他们为了挽救婚姻，来到了这个山谷。正好天下起了大雪，当他们欣赏这漫天雪景的时候，发现因为风向的原因，东坡的雪要比西坡的雪大很多。一会儿的工夫，东坡的雪松上就落满了厚厚的积雪，当积雪达到一定程度，雪松就会向下弯曲，最后积雪便落到地上，而雪松却又毫发无伤地挺立起来。其他的树，则不然，他们的树枝被积雪压断。妻子对丈夫说道："东坡这里肯定也曾经有其他树木生存过，只不过是因为不懂得弯曲最终被大雪摧毁了。"说完，他们夫妻二人似乎明白了什么，紧紧地抱在一起。

在我们的生活中，每个人都会承受着各种各样的压力，这时候，我们要学习雪松那样，让自己的身体弯曲下来，释放我们的压力，这样才不会被压断。弯曲，有时候代表的并不是失败和认输，而是一种变通，是一种生活的智慧。

向成功的人学习，我们可以更快的成功

许多人常常思考的一个问题是怎样才可以在30岁之前获得成功呢？但在现实生活中我们会遇到很多挫折。其实，要想成功，确实有捷径可寻。

赖兹曾说："只有少数的人是靠自己一个人的力量，快速成功的；而大多骑士的成功，是因为他们的马是最棒的。"我们在书上可以看到很多成功的方法和经验，但是我们更应该要学的是书上没有的经验和方法。因此，我们就必须和那些成功的人在一起，才可以学到他们成功的经验和思维方法。

成功的首要秘诀就是"环境"。古有"孟母三迁"，孟母为了让自己的孩子有良好的学习环境，共搬家三次；假如比尔盖茨生活在非洲，即使他智商再高，没有见过电脑，也不可能创建微软公司。

通常来说，成功是会吸引成功的，失败则是吸引失败的。成功的人也是会和成功的人在一起的，而失败的人则会和失败的人在一起。这完全是因为他们的思维方式相同，大脑会散发出极强的"吸引力"，把拥有相同频率的东西吸引过来。就像炒股失败的人经常讨论的是市场不景气，庄家占有的优势，他

们从来不会用心的学习富人的经验以及他们取得财富的秘诀。炒股高手崔宏便说过，“宁愿和聪明人打一架，也千万不要和糊涂的人说一句话。”

穷人一般分两种：一种是“没钱有思想的人”，这种人一般都是“人穷志不穷”，我们在和这种人交往的时候，应该懂得在他们困难的时候伸出手拉他们一下，没准将来他们会给我们带来更大的帮助。而另一种则是“人穷志短”的人，这种人既没钱也没思想，要是我们想成功，最好离这种人远一点儿。

人际交往其实就是施与受的关系。假如我们只施而不受，最终的结果是只有损失而无所收获。这就像和人穷志短的人做朋友，不仅对我们无益，甚至还会让我们有所损失。所以要想成功，就多和成功的人做朋友，假如你的身边没有成功的人，那么你就需要换个环境，去认识新的朋友。

我们要多学习身边成功人士的成功秘诀，然后根据自己的实际，找到最适合自己的方法，才可以让我们更快的成功。要知道，拿破仑·希尔曾经用 20 年的时间来免费替钢铁大王卡内基工作，在此期间，他不断地提升自己，最终在自己的研究方面取得了巨大的成功。

学会走出人生的死胡同

巴尼·罗伯格是美国缅因州的一个伐木工。一天，他一个人开车到一个很远的地方伐木。在他锯倒一棵大树的时候，却发生了意外，自己的右腿被大树压的死死地，血顺着他的裤腿流个不停。他从来没有遇到过这么大的灾难，他第一时间想到的是："我怎么样才可以救我自己？"

他观察到：在他附近的几十里，都是荒无人烟的林地，短时间内不可能有人来救他，这样他便会因为失血过多而丢掉性命，他知道他现在要做的就是自救。于是，他使出全身的力气试着把腿抽出来，但却无济于事，他拿起身边的斧头，不停地砍树，却因为用力太大，砍了几下，斧头便断了。顿时他觉得自己一定会死在这里，但是他并没有就此放弃。他看了下周围，发现自己的电锯就在不远的地方。他便用断掉的斧头柄把电锯弄过来，想用电锯锯断压着自己右腿的大树。但不幸的是，他发现如果锯断大树，锯条便会被树干夹住，拉不动了。"看来，没什么办法可以救我离开这里了。"正当他觉得没有一点儿希望的时候，他突然想到，"既然锯树行不通，那我可以锯掉被压着的腿。这样或许我还可以活命。"于是，他毫不犹豫地锯断了自己被大树压着的右腿，最终他成功地救了自己的性命。

我们的一生中难免会遇到失败，在面对失败的时候，我们也常常会习惯性地对待失败：有的人会用紧急救火的方式扑救失败，有的人会被失败打倒，有的人会用被动补漏的办法让失败来得晚一些……不管我们如何去做，有时候只能眼睁睁地看

着失败发生，而无可奈何。其实，在失败的时候，我们可以换另外的角度去思考，没准就会出现另一片新天地。我们的心态往往是决定成败的关键。

有一个国王晚上做梦，梦到山倒了，水枯了，花谢了，国王很担心，便告诉了王后。

王后听后，说道："这可不是一个好预兆，山倒寓意着陛下的江山不保呀！水代表的是民，水枯了，不就说陛下的统治要到头儿了，花谢了，便是说您的好景也没多久了。"国王听后，吓得生了重病。

一位大臣参见国王，国王把自己的心事告诉了大臣。大臣听后，大笑着说道："恭喜陛下，山倒了便是说从此天下太平；水枯则是说陛下您真龙现身呀；花谢了，花谢之后便有果实呀！"国王听到大臣的话，很快病又好了。

失败看上去就像垂直泻下的瀑布，浩浩荡荡，势不可挡。但是实际上，只要我们换一个角度去思考，运用我们的智慧和勇气，便可以改变它的方向。正如伐木工一样，当他清楚地知道不能从大树下抽出自己的腿，也无法用电锯锯开大树的时候，他便毫不犹豫地锯掉了自己的右腿。看上去他丢失了一条腿是一种失败，但是他这样做却避免了更大的失败的发生，为此他保住了性命。相比之下，他这也是一种胜利。

如果我们在灾难发生的初期认清事情的发展形势，从这个死胡同里钻出来，改变自己的思路，这样不仅可以把损失降到

最低，而且还可以创造出一片新天地。

学以致用，才是最重要的

古人曾说，“书中自有颜如玉，书中自有黄金屋。”知识在人们心中是非常重要的。人们常说“知识就是力量”，甚至曾经用知识来衡量一个人的地位、财富及能力。随着时代的发展，现在人们对知识的理解也有了全新的认知——一个人拥有的知识并不等同于一个人的能力。培根也曾明确地说过，“我们学会的学问只是他本身而已，怎样应用这些学问还需要我们去实践。”这句话的意思是，学会了知识，但是并不代表我们拥有了与之相应的能力，只有学以致用才是

真正的掌握了知识。

深圳、台湾等城市是中国甚至是世界上重要的电子工业制造基地。在这里，高级技工的工资正在逐步超过仅仅是拥有硕士、博士等学位的人的工资。如果依照旧观念，像这样的高科技产业，拥有高学历人的能力和财富应该是很高的，但是现在，空有学历而没有能力和经验，还真的比不上拥有技术和能力的工人。

在现实社会中，我国有许多的本科生甚至是硕士、博士生，但是，他们在实践中却有许多不足。他们拥有的都是一些理论知识，一旦遇到实际问题，便会不知所措，这时候靠的还是有经验的、懂技术的工人来解决难题。

我们也经常见到这种情况：一个学历低的人却领导着学历高的人，而且收入远远高于学历高的人；一个十分优秀的学者却被一个没有知识的人要得团团转。为什么会出现这种情况呢？究其根本原因在于这些有知识的学者不懂得人情世故。这些不懂得人情世故的学者，就像通过三棱镜看到的光线似的，他们会用颜色把人群分类，不同的颜色代表不同的人。而懂人情世故的人却不然，他们了解颜色的明度和彩度，也知道那些看上去不只是一种颜色，而是由不同的色彩混合而成。实际上，生活在社会上的人，都是多多少少混合了其他颜色的。而且随着阳光照射角度的不同，人也会根据所处的环境，变化着不同的颜色。我们现在最应该做的就是把我们所学、所见融合自己的判断，逐渐建立并完善自己的人格、行为模式等。再加上对人情世故的了解和在社会实践中的亲身体验，让我们所学的知识真正为我们所用。

生活其实是一本百科全书。作为新一代的年轻人，我们要读懂生活这本“无字书”，体会成败的道理。古人说：“读万卷书，行万里路。”这就是说人不仅要多读书，多学知识，而且还要去实践，这样才可以更好地应用所学到的知识。

拥有丰富的阅历是成功者必备的条件之一。所以我们不仅要多学习书本上的知识，更要注重在生活中去实践，要做到学以致用。假如我们学到了许多知识，但就是不知道该如何用，那么，所学到的知识便是死板的，这就是纸上谈兵，对于我们来说不仅没有一点儿意义，甚至还有害。所以，在我们学习知识的同时，也要注重实践，用实践来吸收和消化掉我们学到的知识，最终才能真正将知识变成我们自己的。

学以致用，就是把知识和实践联合起来，做到知识的活学活用，按照理论的要求应用到实际生活，在生活中遇到难题时，要学习新的知识来解决难题，就这样理论和实践相互促进，我们的能力就会不断提高，见识不断增长，创造的价值也就会越来越多。

书本可以让我们从古人的知识中学到经验，少走些弯路、错路；而生活实践这本“无字之书”，可以让我们把先人留下的知识财富理解得更透彻的同时，也能学到一些书本中没有的知识。

要想读好生活这本“无字之书”，需要我们在生活中多用

心，多观察。《红楼梦》中黛玉初到贾府的时候，也正是因为她的“步步留心，时时在意”才了解到贾府不同于别人家的地方。

积极的人生态度，让我们的人生更幸福

在我们的生活中，一些人因为失败而一蹶不振，一些人最终战胜了失败而取得了成功；一些人因为强大的对手而退缩，一些人勇于挑战，最终让自己站在了人生的巅峰；一些人因为产品销量不好而抱怨，一些人因为产品销量不好而研究出新的产品；一些人因为领导严厉而离职，一些人却因为“严师出高徒”让自己不断地提高，在职场上不断地高升。

面对同一件事情，每个人的态度都会有所不同，以积极的态度面对或以消极的态度面对，带来的结果却是大相径庭。以消极的态度看待问题，总会找各种各样的借口来抱怨，最终的结果也是消极的；而以积极的态度来看待问题，则会用各种方法来激励自己，什么事情都往好的方面想，最终得到的结果也是积极的。这就像叔本华说的那样，“事物本身不会对人有任何影响，影响人的是对事物的态度和看法。”

我们改变不了环境，但是我们可以改变自己的看法和态度；我们不能改变我们的相貌，但是我们可以露出我们的笑容；我们改变不了他人，但是我们可以改变自己；我们不知道明天会

发生什么，但是我们可以把握今天……

塞尔玛是美国的一位女士，她跟着她的丈夫随军。部队驻扎的地方是在沙漠，她们在这里吃的、住的都不是很好，这里气温高的要命，而且因为语言不通，她和生活在这里的印第安人、墨西哥人根本没办法交流。最让她感到绝望的是，来到这里之后，她的丈夫却奉命远征，这样便只剩下她一个人了。她在这里的每一天都是闷闷不乐，每一天都是一种煎熬。她实在无法忍受这样的生活，于是她便写信给自己的父母。当她收到自己日思夜盼的回信的时候，急忙拆开来看，但让她失望的是，父母既没有安慰她，也没有说希望她回家。信里有的只是短短几句话。

“医院里的两个绝症病人从窗户看向外面，一个看到的是地上的泥土，而另一个看到的却是天上的蓝天、白云。”

尽管她有些失望和生气，但这毕竟是父母对女儿的一份关切，于是她每天都思考这几句话的意思。突然一天，她仿佛明白了什么，也是从这天开始，她觉得生活在这里似乎也是一件不错的事情。

原来她从父母的回信中，找到了自己的问题所在：一直以来她习惯低头，这样她只可以看到脚下的泥土。如果她抬起头来呢，也一定可以看到蓝天和白云。为什么自己不去欣赏蓝天和白云，去享受这个美好的世界呢？

她把自己的想法付诸实际行动。她开始主动和当地人交

谈，做朋友，结果让她十分高兴，因为这里的人都非常的友好，她们偶尔还会送给她一些珍贵的礼物；在她空余的时间，她开始研究沙漠中的仙人掌，仙人掌各种各样的姿态，都会让她眼前一亮；她还会观赏沙漠中的日出和日落，感受沙漠中的奇异景象；她享受着现在的新生活，她觉得每天都生活得很快乐。后来她离开了沙漠，回到自己的家乡以后，根据自己在这里的转变写了一本叫《快乐城堡》的书，这本书在当时反响非常热烈。

实际上，塞尔玛的生活环境并没有发生一点儿改变，沙漠还是沙漠，温度依然还是那么高，周围的人也没有发生改变，但是她看待生活的态度改变了。她开始以积极的态度来面对生活，由开始的闷闷不乐到后来的享受生活，一切也都变得非常

美好。

对待事物的态度是积极的还是消极的，带来的结果就如同走在一个岔道口，刚开始差别不大，但是差距会越来越大。所以，如果我们以积极的态度来面对生活中的一切，我们的幸福感也会更多。

只要你做，永远都来得及

每一个人都渴望成功，但是我们要知道，成功是需要付出努力的，哪怕现在我们已经80岁了，只要肯努力，就是成功的开始。在我们成功的路上，首先要做的就是行动，然后选择好方向，朝着正确的方向去努力，学习他人的经验，每天进步一点点儿，在人生路上才会越走越远。

只要行动，生命便会绽放出光彩

摩西奶奶是美国纽约人，19 世纪 60 年代出生在位于格林尼治村的一个农场中，她的本名叫作安娜·玛丽·罗伯逊，她的爸爸只是一个穷苦的农夫。

她共有 9 个兄弟姐妹，她很爱她的母亲，从小最喜欢和自己家人每天快乐地生活在一起，她爱家乡的一切，因为她在这里度过了自己美好的童年。在她长大后，便一直勤勤恳恳地在农场中做工。她对自己的人生并没有太大的期望，只是希望每天的生活充实快乐就好，在空闲的时间可以练习她最喜欢的刺绣，这让她非常满足。

1887 年，她 27 岁，嫁给了一个名叫斯汤顿·摩西的弗吉尼亚州的一个小伙子，正式成为了摩西太太。她先后生下 10 个孩子，这让本来就贫穷的家庭雪上加霜。

后来，摩西一家搬到摩西太太的出生地附近生活，他们在这里生活的 20 年的时间里，摩西太太做一些擦地板、挤牛奶、装蔬菜罐头这样零碎的工作来补贴家用。这段时间，摩西太太一有空儿的时候便会做些刺绣，她刺绣的主要内容就是乡村的美景。

因为家境贫穷，摩西太太需要做很多零活儿来补贴家庭的

支出，因此，她可以刺绣的时间非常少，但是刺绣是她这辈子最喜欢的事情，于是她就把脚步放慢一些，再慢一些，一点儿一点儿地学习刺绣，一直坚持到76岁的这一年。在这一年里，她因为严重的关节炎，便不能再刺绣了。因此，她便开始画画儿，绘画就是把刺绣的针换成笔，这两者在很多地方还是有许多相似之处的。

绘画成了摩西奶奶晚年的最爱，70多岁的摩西奶奶，不仅把画画儿当作一种乐趣，而且还把自己的作品展览在了她生活的村子里。摩西奶奶的女儿非常支持她，还把她的作品带到镇子上的杂货铺售卖。很多客人都非常喜欢摩西奶奶的画儿，认为她的画儿拥有与众不同的画风，清新淡雅的笔墨。

一次，路易斯·卡多尔见到了摆放在杂货铺里的摩西奶奶的作品，他被深深地吸引住了，他本身就很喜欢收藏艺术品，因此，他买下了这幅画儿，并且想要见到摩西奶奶更多的作品。除此之外，他还把摩西奶奶的画儿带到了纽约的画廊，希望可以引起画商奥图·卡利尔的注意。在他把摩西奶奶的作品挂在画廊之后，摩西奶奶的作品得到了很多人的关注。

最开始，摩西奶奶的作品主要是临摹。之后，她根据自己从前在农场的生活进行创作，作品主要表现的是乡村的美丽风景。她的画作很细腻，以怀旧标题为主，如《感恩节前捉火鸡》《过河去看奶奶》和《戚树园里的熬糖会》，等等，她的作品里既包含了对自己曾经美好生活的回忆，还体现了乡村的景色和生活。

1940年，摩西奶奶80岁的时候，她在纽约举办的个人画展，在当地引起了轰动。从这以后，不仅她的作品卖得非常火，而且还取得了非常多的奖项。她的纯朴、善良，美好的晚年生活，电视台的采访和她的热销书，都让她在美国家喻户晓。

从20世纪50年代开始，摩西奶奶的作品在美国和欧洲备受关注，而摩西奶奶本人也进入了大家的视野。在她100岁的时候，纽约州把她的生日命名为“摩西奶奶之日”。

1961年12月31日，摩西奶奶101岁的时候，她在纽约的胡西克瀑布边去世。尽管她没有受过正规的学习，但是她凭借着自身的努力和对生活的热爱，在她20多年的晚年生活中，创作的作品达1 600多幅。

摩西奶奶在和朋友的通信中，曾经说过：不论在什么时候，去做你想做的事，上帝都会帮助你的，哪怕你已经80岁了。

时间是非常神奇的，它是公平的，但却又是不公平的。它不会因为任何原因为一个人多走，也不会为任何一个人多留，过去的终究已经过去，想留住它也是无可奈何，为这些惋惜都是不值得的。我们只要抓住我们生命中最美好的时光就好。那么生命中最美妙的时光是什么时候呢？

其实，美好的时光对于每个人来说都是不一样的。这就像是世界上找不到两片一模一样的叶子，也找不到两个一模一样的人，人和人因为生长环境、接受教育、人生经历的不同，思想和性格也会有所差异。所以，每个人生活中的美好时光也都是与众不同的。

有人说，一个人一生中最美好的时刻怕是要在离开这个世界的时候才会知道吧！听上去，这句话是正确的，而实际上，却是十分荒唐的。

美好是我们赋予时光的，只有我们去努力，去行动，用心对待每一分、每一秒，时光才会变得美好，生活才会更加幸福。尽管岁月易老，但这并不能成为不努力的借口。只有努力和行动才会让我们的生命绽放出光彩，有意义的生活不论在什么时候都会是一个人生命中最美好的时光。

摩西奶奶在她76岁高龄时都勇于行动，让自己的生命绽放出别样的光彩，我们呢？许多人常常感慨时光匆匆、岁月无情，追忆曾经的美好，后悔曾经的懒散。那么，为什么现在仍旧是不努力呢？

最美好的时光不是昨天，也不是明天，而是现在！把握现在，做你想做的事情，无论什么时候都来得及。还记得摩西奶奶和朋友信中说的话吗？“去做你想做的事，哪怕你已经80岁了。”那位朋友正是相信了摩西奶奶这句话，并且付诸行动，世界上才会少了一位30多岁仍旧平凡的医生，多了一位世界闻名的作家。这位作家便是创作了《失乐园》和《遥远的落日》的日本文学巨匠渡边淳一。

现在才是一个人一生中最美好的时光，不管你现在的年龄有多大。“晚了”“来不及了”这些只不过是懦弱者的借口，人生从什么时候开始都来得及，只要我们去行动，生命便会绽放它本来的光彩。

什么时候都可以开始你的梦想

我们都曾想象过自己会是多么伟大，而实际上却庸庸碌碌地生活着，把自己的梦想埋藏起来。梦想是生命的盐，它是思想的钙质，是事业成功和生活幸福必不可少的元素，它是心灵的拐杖，想象力和创造力的根本。假如你还拥有梦想，那么在这一刻，你便是不平凡的。拥有梦想，并坚持不懈地为梦想而努力，总有一天梦想一定会实现。

有一个老头儿是在美国的贫民窟长大的，他的人生历程就如同过山车那样惊心动魄。他积累财富的速度可以说是世界上最快的，他的成功让人不得不感叹是一个奇迹，是一个神话！他就是谢尔登·阿德尔森。

他出生于1933年，一家6口人生活在波士顿一个只有一张床和一间屋子的贫民窟中。他的爸爸以开出租车为生，为了全家的生活，他的妈妈则是干一些缝缝补补的杂活儿。

在他12岁的时候，他向他的叔叔借了200美元，在街边租下两个小摊子卖报纸来赚些小钱儿。一直到他20岁的时候，才结束了持续8年的卖报生涯。在这之后，他抓住商机，把洗发水、剃须膏等物品卖给汽车旅店。之后他去当兵，并进入大学学习公司理财课程。毕业之后，他做过贷款经纪人、投资顾问、理财咨询师等工作。

在他30岁的时候，他一个人到纽约来寻找自己的梦想，他做过很多工作，有媒体广告的业务员、基金风险投资家等。

在他40岁的时候，他投资了一本计算机杂志，通过这本杂志，他在拉斯维加斯组织了计算机供货商展览会，会场的场地是他向当地政府租赁的，价格为100美元一个摊位，但是他把展位租给参加展会的商人的时候却是15 000美元一个摊位，就这样他赚到了巨大的财富。

在他50岁的时候，IT行业的发展十分繁荣，所有的人都对计算机展会上的科技产品非常有兴趣，展会中比尔·盖茨、史蒂夫·乔布斯等IT精英和财富传奇人物的演讲更是引人入胜。在展览会发展的8年时间里，参展商家达到2 480家，人流量达到21万。

1989年的时候，他用1.28亿美元的价格把旧的金沙赌场酒店买了下来，并在这里建立了美国第一个个人投资而且是在个人名下的金沙展览中心，在这个基础上，他开始涉及自己了解并不多的博彩行业。

在他60岁的时候，人们称他为“会展之父”，这一年，日本的软件银行以8.6亿美元的价格买下他的计算机展览会，这场交易让他真正成了一个大富翁。在这之后，他摧毁了金沙赌场酒店并重建，最终把金沙赌场酒店和美国最大的会展中心连通，建造了一座可以说是世界上投资最多的，包含了住宿、娱乐、博彩等的“威尼斯人度假村”。这一举措让他在拉斯维加斯的富豪地位得到了巩固。另外，他的博彩帝国事业也走向亚洲，位于中国澳门的澳门金沙娱乐场，位于新加坡的滨海湾金沙酒店都是他名下的产业。

在他70岁的时候，他拥有的资产高达30亿美元。在之后的3年里，他的财富以每小时100万美元的速度，快速增长到205亿美元。他一共购买了14架私人飞机，他所拥有的飞机群在世界私人飞机群中位居第一。到了2007年，他的财富达到265亿美元，在《福布斯》排行榜上位居第6位，在美国，他是除比尔·盖茨和巴菲特以外最富有的人。

在他74岁的时候，受金融危机的影响，他一年损失高达250亿美元，他花费40年的时间所累积的财富只用了一年的时间就减少了90%，跌落到了低谷。但是在之后的两年，他又重新创造出150亿美元的财富，这又是一个新的奇迹。

在他76岁到78岁的3年中，他在《福布斯》全球亿万富翁的排行榜中从178名递增到第16名，成了《福布斯》榜上财富增长速度最快的大富豪。

梦想就像那些经典的东西，会因为时间的沉淀变得更宝贵。不要随意放弃自己的任何一个梦想，用心记住每一个梦想。从中选出自己最希望实现的梦想以及很容易就可以实现的梦想，从现在开始朝着梦想的方向努力，总有一天你会梦想成真。

什么时候都可以开启你的梦想，只要你肯努力。

法国的大作家安德烈·纪德曾说：“一个人只有充满勇气，离开海岸，才会发现新的海洋。”没错，人只有充满勇气，开始行动，才可以打开梦想之门。不要让梦想被年龄羁绊，不要让自由被年龄控制，想做什么就尽全力去做，不要在意世俗的条条框框。

比努力更重要的是选择正确的方向

一个没有正确人生方向的人，即使再怎么努力，也是没有

任何意义的。所以，如果发现努力的方向错了，就要及时改正，否则最终也是挤死在牛角尖儿里。

美国的一个青年，对研究非常感兴趣，脑子里都是一些奇怪的想法。他希望自己将来会成为名震全球的大发明家。

有一次，他无意间发现了一份可以把清水变成汽油的广告。于是，他便买来了广告上需要的全部材料，把自己关在屋子里，拒绝任何一个来他这里拜访的人，他把电话线掐断，扔掉了手机，切断了所有和外界联系的办法。他现在要以绝对的安静和专心来保证这项发明的成功。

这个青年不舍昼夜地研究，达到了废寝忘食的程度。他吃的食物，全部是母亲从门缝儿里塞进来的，他不允许任何一个人进到他的房间打扰他的研究，包括母亲。他常常是每天只吃

一顿饭，他甚至分不清现在是白天还是黑夜。母亲看到日渐消瘦的儿子，于心不忍，因此便趁着儿子去厕所时，偷偷进入他的房间，看了他的研究资料。母亲认为把水变成汽油，这简直就是开玩笑！

母亲不想眼看着儿子在这不可能的事情上越陷越深，便劝儿子说："孩子，你正在做的事情是和自然规律相违背的，这是不可能成功的，立刻停止吧！"但是儿子根本听不进母亲的劝告，抬起头，坚定地说道："我相信，只要我不放弃，一直努力，一定会成功的。"

"但是你要知道，现在你的方向是错的，无论你怎么努力，你也不可能达到目的！"母亲严肃地说道。

"妈妈，请您相信，我一定会成功，请您不要打扰我！"青年也有些烦躁地说道。

面对儿子的坚持，母亲也是无可奈何。就这样，五年过去了，十年过去了，二十年过去了……青年的母亲已经去世，当年的青年也已经是一个白发苍苍的老人，他没有工作，只能靠着政府那微薄的救济勉强生活。但是他依然坚信，自己终会成功，他是屡战屡败，屡败屡战。

一天，有位许多年没见面的同学来看他，无意间看到了他的研究计划，惊讶地说道："竟然是你！当年，我恶作剧发出了一份可以把水变成汽油的假广告，后来，有一个人向我购买那些资料，没想到那个人居然是你。"

那位青年听完同学说的这些话，立刻就疯掉了，住进了精神病院。

当我们发现自己所努力的方向是错误的时候，就应该立刻停止，重新调整方向，这样才会有成功的希望。假如我们选择的方向是错误的，那么不论我们如何努力，耗费多少精力都会是无用功。这就像我们穿衣服一样，要是我们的第一颗扣子扣错了，那么之后的每一颗扣子都会扣错。

张衡从小希望自己可以成为一个伟大的人，所以他一直很勤奋的学习。经过几年的努力，张衡却一点儿进步都没有。张衡十分的郁闷，不知道究竟问题出在哪里，后来在长辈的引荐下，张衡去拜见一位智者帮自己解惑。

听完张衡的叙述后，智者便叫来自己的两个弟子，并吩咐道："你们二人带这位施主去五里山，每个人挑一担你们认为最好的柴火回来。"说完，张衡三人便立刻顺着门前的江水出发了。

过了半天，张衡第一个回来了，而且他身上背着两捆柴，于是智者便询问他原因。

张衡说道："大师，我看到所有的柴火都很好，所以一共砍了6捆，但是回来的路上，实在扛不动了，因此便扔掉了4捆。"智者听后什么都没说。

不一会儿，大弟子回来了，对师傅说道："我砍了一捆最好的柴火便往回走，路上非常的轻松，半路上我还看到施主扔

掉的柴火，不过师傅说只要挑一担最好的就好，所以我便没有捡起来。”

智者听后点点头。又过了一会儿，小弟子也回来了。他说：“因为我小，力气也小，所以我就用砍的最好的柴做了一个竹筏，这样就顺着水路轻松地回来了。”

智者同样对小弟子点点头，然后走到张衡面前说道：“年轻人，每个人都会选择自己要走的路，这本身是没有对错的，但是要看我们选择的路是不是正确。年轻人，你要知道：比努力更重要的是选择正确的方向，方向错了怎么努力也不会成功。”

张衡顿时明白了，原来自己那么勤奋努力，但还是没有什么收获，只是因为自己的方向有误。在学习的过程中，张衡看到什么，都想要装进自己的口袋，这就像是砍柴，能找到一捆最好的柴就很不错了，但是却因为贪心，想要更多，因此，多出来的柴火变成为了自己的负担。

实际上，很多像张衡一样的人，不可避免地会走错方向。但是，走错了没关系，最重要的是要学会停止，然后调整自己的方向，这样就足够了。

我们要选择过什么样的生活，关键是我们怎样选择。这就像是我们想要得到金矿，却不停地在海滩上挖掘，这样得到的结果只能是挖到一堆沙土，看不到一丁点儿金矿的影子。只有选对了方向，才会有成功的可能，只有选对了方向，才会是成功的开始，否则，即使我们本事再大，努力再多也是徒劳无功。当我们陷入迷茫的时候，当我们一直努力而没有收获的时候，我们就该停下来，看看自己努力的方向是不是正确。因为比努力更重要的是把握好我们前进的方向。

做一个懂得分享的人

有人说：不懂得分享的人不仅是一个孤独的人，更是一个失败的人。其实分享很简单，只要把你的快乐，把你所拥有的给予别人，让别人也获得快乐，忘掉烦恼忧愁，这就是分享。

当你把你的快乐告诉别人，与别人分享的时候，你的心情是愉悦的，你的思想是放松的，身体中有一种正能量蜂拥而至。分享是一件快乐的事情，如果一个人不懂得分享，那么他是无法体会到这种快乐的，他的内心是孤独的，是封闭的。

贝尔太太很有钱，家里有一个又大又美丽的花园，吸引了很多人。于是，总有一些游客跑到她的花园里玩耍。年轻人在如同铺了绿毯的草地上翩翩起舞；小孩儿们钻到花丛中去捕捉蝴蝶；老人们则喜欢安安静静地在池塘边垂钓；甚至有人还打算在花园里过夜。贝尔太太站在窗前，看着花园里那些快乐玩耍的人们，她的心里有一股无名之火升腾起来。“这是我的花园，凭什么让这些人在我的花园里唱歌跳舞？”她生气地喊来仆人，让他将一块写着“私人花园，未经允许，请勿入内”的牌子挂到花园门口。这个牌子并没有起到什么作用，因为人们依旧成群结队地到花园里游玩儿。贝尔太太让仆人去阻止人们，最后还引发了争吵，居然有人拆走了花园的篱笆。

贝尔太太想到一个好方法，她让仆人将花园外边的牌子换了一块儿。这块儿牌子上边写着：“本园内有一种毒蛇，希望大家在游玩儿的时候多加注意，千万不要被毒蛇咬到，如果不慎被咬到，请在30分钟之内采取紧急救治措施，不然就会有生命危险。友情提示：离这里最近的医院在威尔镇，开车50分钟即可到达。”

这个牌子达到了贝尔太太想要的效果。因为那些贪玩儿的游客看到这个牌子之后，只能对美丽的花园望而却步。几年之后，这个美丽的花园因为人员稀少变得杂草丛生，毒蛇横行，到处是一片荒芜的景象。孤独的贝尔太太守着她的大花园，想起曾经发生在院子里的快乐和那些带来快乐的游客，她的心里一阵难过。可惜那快乐的时光再也不会有了，贝尔太太的情绪从此变得低落，整天郁郁寡欢。

如果一个人的痛苦两个人来分担，每个人只承受一半儿的痛苦；如果一个幸福两个人分享，却可以变成两个幸福。正如托尔斯泰曾说："神奇的爱，会使数学法则失去平衡。"分享，是心灵的交换；分享，是情感的传递。我们每个人都要学会分享，每个人都要懂得分享，这样正能量就会变得更加强大，我们的心情就会越来越好。

一位犹太教的长老特别爱打高尔夫球。在一个安息日，他突然觉得特别手痒，就想去打高尔夫球。但是犹太教规定，安息日的时候，所有信徒不允许做任何事，只能休息。

最后长老实在忍不住，就偷偷去了高尔夫球场，心想："我只打 9 个洞就走。"这时候，球场上特别安静，长老的心立刻安定了许多，这样就没有人知道他来球场打球的事情了。

当长老心情愉快地打第 2 个球洞时，一位天使发现了他。天使去上帝那里揭发了长老不遵守教义，在安息日去打高尔夫球的事情。上帝听了之后说："好，我知道了，我会惩罚他的。"

长老发现，他从第3个洞开始，就发挥了超乎寻常的水平，几乎每次都是一杆进洞。长老异常兴奋。

天使看着他开心的样子，就又去找上帝，问道："您不是要惩罚这个长老吗？为什么还不惩罚他？"

上帝微笑着说："我已经惩罚他了。"

长老心情愉快地打完了9个洞，几乎每一次都是一杆进洞，他为自己神乎其神的技术感到骄傲，他决定再打9个洞。

天使看不到上帝对长老的惩罚，又去找上帝："上帝，他都打完9个球了，您对他的惩罚到底在哪里呀？"

上帝看着他，笑而不语。

很快，长老又打完了9个洞，他的成绩超过了任何一位世界级高尔夫球手，他心底乐开了花儿。

这时候，天使有些生气了，他问上帝："这就是您对他的惩罚吗？"

上帝笑着说："对！你想，如果你是他，有这么惊人的成绩却不能告诉任何人，你的心里会怎么想？这难道不是对他最好的惩罚吗？"

从这个故事中可以看出，不能分享的快乐不是快乐，没有分享的人生，无论痛苦还是快乐都将是一种惩罚。不懂得分享的人，把自己藏在一个蚕茧里，拒绝和外界交流；懂得分享的人，世界会因为他的分享变得美丽，哪怕你分享的是痛苦和眼泪，生命都将因分享变得充实，变得多姿多彩。

不是每一次努力都会有收获，但每一次收获必定要努力

有一个不可逆转的命题就是：不是每一次努力都会有收获，但每一次收获都必定要努力。

拿破仑是19世纪法国伟大的军事家、政治家。于1804年他在法国加冕称帝，在位期间称“法国人的皇帝”。但是拿破仑小时候的生活是非常的贫苦的。他家本来是科西嘉的权贵家族，但是到了他爸爸这一代的时候家业衰败，家中境况特别的糟糕，可是他的爸爸还是对外宣称自己非常的有钱。到了拿破仑该上学的年纪，他的爸爸为了维护家族的威严，从亲戚朋友那里借来很多钱，送拿破仑到柏林的一所贵族孩子们上的学校。在这所贵族学校上学的孩子，大部分都是家里经济宽裕、生活富裕的，但是拿破仑确是非常的贫穷，在那所学校经常受到同学们的欺辱和取笑。

刚开始的时候，拿破仑还能够尽力地让自己忍耐那些贵族子弟的横行霸道，后来实在是忍受不下去了，于是就给自己的爸爸写了一封信，他说道：“因为我家境贫寒，不如他们家庭条件好，我每天饱受那些所谓的贵族子弟的嘲笑、作弄。我实在是没有办法和这些高傲自大的同学一起交往。实际上，他们

也只是家庭条件比我好，在思想道德和学习成绩上，他们落后我太多了。您就必须要我在这些有钱有势整天就知道吃喝玩乐不务正业的子弟面前，每天委曲求全吗？”

他的爸爸给他的回信却非常的简洁，信里只有两句话：“我们家确实是穷，但是你必须在这所学校继续学习下去。等到你成功的时候，什么都会不一样了。”从这以后，拿破仑再也没有抱怨过，他继续在那所学校上学，一直到他 5 年后毕业。在他在这里求学的时间里，他受到了同学们各种各样的欺凌和侮辱，但是每当受到一次伤害，他的志气就会增加一点，他下定决心自己一定要成功，一定要比他们任何一个人都要优秀。

虽然这些实现有一定的难度，但是他下定决心以后就开始努力学习，他每天过得都很充实，学习了很多的本领，就是为

了自己将来可以取得更多的权力、金钱以及荣誉。

在拿破仑20岁的时候，他自以为了不起的爸爸过世了，这件事情对他有很大的影响。这个时候，家里只剩下了他和妈妈两个人了，而且他在军队里只是一名小小的少将，可以赚到的钱非常的少，只能供他和妈妈凑凑合合过日子而已。

拿破仑因为长得比较瘦弱矮小，再加上家里条件贫苦，不仅他的上级不看重他，就连他的同事都十分的看不起他。

拿破仑就利用其他人玩乐的时间一个人苦读，他把所有的心思都花在了学习上,他知道有一天这些对他会有巨大的帮助。幸运的是，他不需要付出任何的钱财就可以轻松地从图书馆借到他想要看的任何书，这对于他来说非常的方便，就这样他从书里学到了很多的知识。

拿破仑读书目的非常的明了，他只看那些可以帮到他成功的书，对于那些只能用来打发时间的书他是从来都不会看的。拿破仑看书的屋子不仅小而且不透气，每天只要他有时间就会到他的小屋子里看书，一连就是半天，因为不见阳光，他的脸色更差了。

他就在这样不堪的环境里,每天这样坚持着学习了好多年，不说他一共读了多少书，就是光算他从读的书籍里摘抄下来的内容，就能够打印成一本4 000多页的书了。拿破仑为了实践学到的东西，还假装自己就是在前线指挥战斗的总司令，把他的家园科西嘉作为战斗双方非争夺不可的战略要地，他画出来

一张十分清楚地地图，并且用非常正确的数学方法，算出各个地方相差的距离，并作出了应该如何攻击和防守的战略部署。这样的练习，让他的军事知识运用得越来越好，最终他的才学被他的上级肯定，从此开始了他职务向更高级别的升迁。

他的上级将他提拔为军事教官，专门教授他人军事上精确计算的各种课程，他的教学成绩永远都是最好的。就这样一步一步地，拿破仑的晋升之路越来越顺利，经过长时间的努力，他成了法兰西第一帝国的缔造者。

努力是实现梦想的最好工具，更是通向成功的最短路径。因此，不论如今的你是贫困的、落魄的，或是家财万贯的，都需要努力。因为只要你努力，就必将得到收获。如果你不努力，纵使你有家财万贯也会有散去的一天。

这个世界是公平的，天道酬勤，只要你付出了终究会得到回报。杰克·伦敦就是最好的例子，尽管他没有上过中学，但在他一生却写出了 51 部巨著。

你肯定无法想象，杰克·伦敦的童年是多么的悲惨。在他年少的时候，在旧金山海湾附近天天跟一群小混混游荡，甚至干一些偷盗的勾当。

有一天，他随意地走进了一家公共图书馆，拿起了《鲁滨孙漂流记》，读得很是陶醉，即使到了饭点，他都舍不得放下书回家吃饭。到了第二天，他又跑到图书馆，挑选一本《天方夜谭》，看了之后，他不由地感叹这真是一个奇异美妙的世界。

从此以后，他每天都会在图书馆看十多个小时的书，荷马到莎士比亚、赫伯特·斯宾塞、马克思等人的著作，他都认真读过。

终于在他19岁的时候，他决定要靠脑袋吃饭，而不再靠体力劳动吃饭。他已经厌倦了被铁路的工头欺负、流浪的生活和挨警察拳头的日子。他仅仅用了3个月的时间就将4年的课程全部学完了，只是为了快速地进入学校。更令人感叹的是，他还成功地通过了考试，如愿地进入了加州大学。

为了能够实现自己的梦想，他每天都会写5 000字的文章，完成了一部长篇小说只用了20天的时间。有的时候，他会同时寄出30篇小说给好几家杂志社，但是，它们都会被退回来了。尽管很失落，但他却没有放弃。终于，他的《海岸外的飓风》获得了旧金山呼声杂志社所举办的征文比赛一等奖。

5年之后，杰克·伦敦的6部长篇，125篇短篇小说成功问世。一瞬间，他在美国文艺界成了最知名的人物。

看，这就是努力之后的回报。去努力吧！不要再纠结要不要改变自己，要不要为梦想而努力，你只需要努力地、大胆地往前走。